神奇的二十四节气

阴岭山　鹿存玲◎著

南京出版传媒集团
南京出版社

图书在版编目（CIP）数据

神奇的二十四节气 / 阴岭山．鹿存玲著．-- 南京：南京出版社，2017.10

ISBN 978-7-5533-1913-1

Ⅰ．①神… Ⅱ．①阴…②鹿… Ⅲ．①二十四节气 - 普及读物 Ⅳ．① P462-49

中国版本图书馆 CIP 数据核字（2017）第 203533 号

书　　名：神奇的二十四节气

作　　者：阴玲山　鹿存岭

出版发行：南京出版传媒集团

南 京 出 版 社

社址：南京市太平门街53号　　邮编：210016

网址：http://www.njcbs.cn　　电子信箱：njcbs1988@163.com

联系电话：025-83283893、83283864（营销）　025-83112257（编务）

出 版 人：朱同芳

出 品 人：卢海鸣

责任编辑：吴新婷

绘　　画：王全大

装帧设计：张叠峰　高　阳

责任印制：杨福彬

印　　刷：南京凯德印刷有限公司

开　　本：889毫米×1194毫米　1/32

印　　张：7.375

字　　数：147千字

版　　次：2017年10月第1版

印　　次：2021年10月第3次印刷

书　　号：ISBN 978-7-5533-1913-1

定　　价：36.00元

用微信或京东APP扫码购书

用淘宝APP扫码购书

营销分类：文艺

牧笛
丙申丹石畫

夏

秋
丙申丹石畫

冬

前　言

2016年11月30日，联合国教科文组织正式批准中国“二十四节气”列入“人类非物质文化遗产代表作名录”。

“二十四节气”，就此成为中国又一个世界“非遗”。

消息传来，人们倍感振奋和欣喜！

二十四节气的申遗成功，代表着华夏祖先的智慧得到世界的认同。同时，也把这一古老神奇的历法，再一次推到了人们的视线之内。很快，在国内掀起了一股了解“二十四节气”、感悟“二十四节气”的热潮。

“二十四节气”始于春秋，确立于秦汉，是我国独有的一种古历法，是组成华夏文明的无价瑰宝之一，是华夏先民的智慧结晶。“二十四节气”上至风雨雷电、日月星辰，下至芸芸众生、鱼虫鸟兽，包罗万象、源远流长，成为一本华夏民族生存方式以及生存智慧的百科全书。

由此可见，二十四节气的普及，对我们学习和传承华夏古典文化具有重要意义，使我们更加贴近自然、热爱自然，增强对天地自然的敬畏之心，并了解人类在时空中所处的位置，让我们响应生命原野的呼唤，从而收获生活的美好从容。

鉴于此，我们编写了这本《神奇的二十四节气》。

为突出“二十四节气”这一庞大系统的丰富性和立体性，我们在这本书里打破此类书籍的常规章节设置，从各个角度来诠释这一伟大细腻的时间系统：开篇从见证申遗成功这一主题着笔，记录10年申遗始末。第二章“二十四节气在中国”，系统介绍“二十四节气”的起源、形成、发展历程，为“二十四节气”画出一条清晰的历史脉络。

在接下来的主要章节中，分别从不同方面、不同视角来介绍“二十四节气”，突出其涵盖极广、内容丰富的主要特点，也是至今未被广泛了解的认知盲点：“科学的二十四节气”一章，以挖掘“二十四节气”这一古老历法和现代科学之间的联系为主题，介绍其包涵的科学方法、科学规律；“有趣的二十四节气”，主要选择全国各地有代表性、趣味性的节气习俗，突出“二十四节气”妙趣横生的一面；“诗意的二十四节气”，则是突出了二十节气的诗意美，介绍各种艺术形式中的“二十四节气”，展现其博大精深的文化性和美好意象；“美味的二十四节气”介绍主要的节气美食，在味觉中重温节气和生活的水乳交融；“和谐的二十四节气”则是在尝试对节气文化进行内涵剖析，讲述节气对传统文化源远流长的影响；在最后一章“传承二十四节气”里，表明了本书的传承观，是对“二十四节气”以及它所代表的民族传统文化如何继承发展的一次思考和建议。

在本书里，除文字部分外，还配有一批绘画作品。这些作品以节气为创作对象，展现不同节气的不同内容，力求在文图相得益彰的同时，为读者提供另一种直观的艺术感受和视觉印象。

“物类相动，本标相应。”

本书以《神奇的二十四节气》为名，讲述的是一个神奇的古历法，同时也是在讲述一个神奇的民族，以及他们与天地自然圆融共生、和谐相应的神奇文化。

这个神奇的民族，名曰“华夏”。

目 录

第一章 | 二十四节气申遗成功

第二章 | 二十四节气在中国

第三章 | 科学的二十四节气

第四章 | 有趣的二十四节气

第五章 | 诗意的二十四节气

第六章 | 美味的二十四节气

第七章 | 和谐的二十四节气

第八章 | 传承二十四节气

附录

第一章

二十四节气申遗成功

2016年11月30号,中国“二十四节气”申遗成功!

人类非物质文化遗产代表作名录上,从此又多了一个中国元素。

二十四节气,发源至今已有数千年之久,可谓古老。然而当它再一次被认知、理解、领悟以及运用时,它又是焕然一新的。

恰如天地,宛若阳光。

古老,又新鲜。

人类非物质文化遗产

我们的世界，并非一诞生就是现在的样子。

它经历了漫长的时光雕琢、自然演化，穿过了数代历史沉浮，变幻过数种风貌外表，才来到了我们的眼前。

在这里人类一出现，就参加了这场改变世界的工作。

人们认识、探索、研究自然，使之为己所用，实现自身的生存、发展和繁荣，是人类永恒的课题。

在这个过程中，留下了各种形式的自然景观和文物古迹，即“世界遗产”。

“世界遗产”分四类：“世界文化遗产”“世界自然遗产”“世界文化与自然遗产”和“文化景观”四类。

其中，文化遗产又细分为“物质文化遗产”和“非物质文化遗产”。

物质文化遗产是具有历史、艺术和科学价值的文物、建筑和遗址；而非物质文化遗产，则是指各种以非物质形态存在、与群众生活密切相关、世代相承的传统文化表现形式。

文化遗产，承载了一个民族的价值观和独特性。

随着现代社会和科技的高速发展，人类生存环境的改变以及各种人为因素，使不少非物质文化遗产面临着消亡的危

世界非物质文化遗产标志

险，有的甚至已不复存在，成为人类永远的遗憾。为了保护具有突出普遍价值的文化和自然遗产，使这些全人类的宝贵遗产得以留存，联合国教育、科学及文化组织在1972年11月16日通过了《保护世界文化和自然遗产公约》。

2006年，公约正式生效，并成立了非物质文化遗产委员会。

“人类非物质文化遗产”，根据联合国教科文组织《保护非物质文化遗产公约》(Convention for the Safeguarding of the Intangible Cultural Heritage)的定义，是指“被各群体、团体、有时为个人视为其文化遗产的各种实践、表演、表现形式、知识和技能及其有关的工具、实物、工艺品和文化场所”。

换言之——

“人类非物质文化遗产”是一种无形遗产。

“人类非物质文化遗产”是全人类共同的珍贵财富。

“人类非物质文化遗产”是古人非凡的智慧以及活灵活现的情感表现。

“人类非物质文化遗产”是某一种特定民族、社区或群体独特性的表现。

“人类非物质文化遗产”体现了现代人对人类文化多样性和创造力的尊重。

它们世代相传,是属于全人类的奇珍至宝!

“人类非物质文化遗产”耐人寻味的官方标志:该标志以一次手的运动开始并结束,中间没有任何停止或断落,三角形变成一个正方形,正方形变成一个圆形,而圆形则采取了泡状保护罩的形式,以突出该公约的宗旨和精神。该标志与联合国教科文组织徽标联合使用。

让我们向人类非遗致敬!

二十四节气申遗专题片解说词欣赏

2016年11月30日，在埃塞俄比亚召开的联合国教科文组织保护非物质文化遗产政府间委员会第十一届常会上，来自中国的“二十四节气保护工作组”向大会展示了相关照片和视频。至此，“制作一年、保密一年”的二十四节气申遗专题片揭开了神秘面纱，面向全世界徐徐打开，从各方面展现、诠释了二十四节气的魅力。

现在，让我们一起欣赏这部由诸位专家学者携手创作的专题片解说词：

二十四节气

——中国人通过观察太阳周年运动而形成的时间知识体系以及实践

一、【天行有常】——中国人世代传承的时间观

中国河南省登封市有一座古观星台，人们曾经据此观测一年之中时令和季候的变化，从而安排农事活动和日常生活。时至今日，这里依然是年轻一代理解二十四节气的重要文化空间。

古观星台

二十四节气是中国人认知天象、物候、时令和大自然变化规律的知识体系和社会实践，中国古人将太阳周年运动轨迹划分为24等份，每一等份为一个节气，统称二十四节气。包括立春、雨水、惊蛰、春分、清明、谷雨、立夏、小满、芒种、夏至、小暑、大暑、立秋、处暑、白露、秋分、寒露、霜降、立冬、小雪、大雪、冬至、小寒、大寒。在国际气象界，这一时间认知体系曾被誉为中国的第五大发明。

千百年来，二十四节气深刻影响着人们的思维方式和行为准则。既是中国人文化认同的重要载体，也是人类文化多样性的生动见证。

二、【顺天应时】——传统知识体系与社会实践

二十四节气主要形成于黄河流域，以观察该区域的天象、气温、降水和物候的时序变化为基准，作为农耕社会生产

活动的时间指南，逐步为全国各地所采用，并为多民族所共享。该遗产项目渗透在中国人生活世界的方方面面，围绕每一个时令节点，人们自发地组织农事生产，有序地安排家庭和个人的衣食住行，使传统知识体系在丰富多彩的仪式实践和民俗生活中得以存续。

立春是启动农事耕种的重要时令，各地有迎春、鞭春、唱春、拜春、尝春等仪式活动，旨在祭祀春神、劝课农桑。

立秋之日，湘西花垣苗乡迎来赶秋节，人们迎宾、接龙、坐八人秋、唱苗歌、打苗鼓，共祝风调雨顺、五谷丰登。

二十四节气不仅是指导春耕、夏耘、秋收、冬储的农业事典，也是中国农业文明的智慧结晶，至今依然是进行农时预报和预防自然灾害的重要参照。

“惊蛰一犁土，春分地如筛。”许多与节气相关的农谚口耳相传，在当代农业生产中继续发挥着作用。

“白雁已衔霜信过，青林闲送雨声来。”在河南登封农村，一到霜降节气，田间地头便是一派挖收红薯的繁忙景象。当地一老农说：“咱这个霜降以后才开始出红薯，早了，红薯正在长；晚了，就要结冻，一结冻红薯就要冻坏了。”

在广西天等县，则有酬谢自然和庆祝丰收的壮族霜降节。在中国人的观念中，生命节律与节气时令紧密相联，由此形成了中国特有的养生之道。

在杭州半山一代，立夏有吃乌米饭、登高等传统活动，旨在颐身健体。《黄帝内经》讲“春夏养阳，秋冬养阴”，大暑之际的冬病夏治，正是中医运用节气规律辩证论治的生动见证。

今天，二十四节气已纳入中小学语文课程，孩子们从小熟记《节气歌》，培养时间观念，开启认识自然万物的感知。

“顺天应时，循时而动”，成为中国人道法自然、崇尚和谐、珍视生命的民族精神。

三、【天人合一】——文化意义与社会功能

中国传统哲学中的“天人合一”和“阴阳流转”，是二十四节气的核心理念，凝聚着人与人和睦相处、人与自然和谐共生的文化精神，不仅培育了中国人尊重自然规律和生命节律的世界观，也塑造了“天道均平、以和为贵”的社会生活理想。

二十四节气承载着天文气象、农桑工艺、自然博物、幼学算术、饮馔养生等传统知识和民间智慧，同时也与信仰礼仪、诗词歌赋、说唱戏文、时令谚语、民间美术、棋艺书画等文化表现形式交融共生，该遗产项目激发了当代中国人的文化创造、城市雕塑、建筑装饰、音乐舞蹈、文学影视创作、儿童绘本乃至新兴的数字化知识产品，饱含节气文化的滋养而别开生面。

二十四节气长期标注在国家通用的日历中，与藏、彝等民族的传统历法并行，连接着多民族中国的历史和现实，回应着人们共通的文化情感和时间经验。

立春之日，贵州石阡的说春人走家串户，用侗、土家、苗、仡佬等民族的曲调说唱，祈祝丰年，成为族际和睦的生动例证。

清明，不仅是一个远足踏青的春季仪式，也是一个祭奠祖先的传统节日，更是中华民族文化认同的精神纽带，自2008年清明成为国家法定假日。

每逢冬至，南方人要吃冬至汤圆，象征家庭和美、社会和谐，而北方人则要吃饺子，千人饺子宴便是社区善举的集体行动，该遗产项目对社区、族群和国家的文化认同，起着至关重要的作用，不仅唤起年轻人的文化自觉，同时也促进了不同民族和群体之间的对话，顺应了可持续发展的要求。

（关于遗产项目保护的第四部分此处略去）

这部宣传片解说词，思路严谨、用词凝练，高度概括又不失细节地介绍了二十四节气的各方面内容。全文立足于三大板块，一是时间观，二是传统知识体系与社会实践，三是文化意义和社会功能。条理清晰，深入浅出。整篇介绍读来既言简意赅，又生动有趣，堪称此类宣传片的一个经典代表作。

文史小知识

观星台：是中国元代的天文台，是中国著名的天文科学建筑物。观星台位于登封城东南十二公里的告城镇周公庙内，距周公测景台二十米。至元十三年（公元1276年）由元代天文学家郭守敬创建。中国历代许多天文学家曾到这里进行过天文观测。

二十四节气申遗历程

和其他申遗项目相比，二十四节气是个庞大的文化系统，它涉及天文、气象、物候、历法、农学、民俗、养生、以及历史、礼仪、哲学等多门学科，渗透了中国人生活的方方面面，又前后经历了数千年的演化和传承，因此也注定了二十四节气有一段与众不同的申遗历程。

第一批国家非遗项目

在2003年之前，“非物质文化遗产”在世界范围内还是一个新名词。2003年10月，联合国教科文组织第32届大会上通过了《保护非物质文化遗产公约》，旨在保护以传统、口头表述、节庆礼仪、手工技能、音乐、舞蹈等为代表的非物质文化遗产。2006年1月20日，罗马尼亚成为第30个缔约国。根据公约第34条，它将在第30份批准书交存3个月之后生效，据此，联合国教科文组织宣布《非物质文化遗产保护国际公约》于2006年4月21日正式生效，并于2008年6月通过操作指南。

拥有丰富文化遗产的中国，早在2004年就加入了公约，是第6个加入的国家。加入公约后，中国着手对本国各地区现有非物质文化遗产进行梳理和清点,列出有重要代表意义的和急需要抢救的重点非遗项目,以进行遗产的收集、整理、建档研究和保护工作。2004年,二十四节气作为重点考虑的非遗项目,2006年被列入国务院公布的首批国家非物质文化遗产名录。

从中国"非遗"到世界"非遗",二十四节气走了10年。

申遗前5年

二十四节气的10年申遗历程,可以看作是前后两个"5年"组成。

前一个5年,是对"二十四节气"项目的深入研究和内容扩展,在这5年里,先后有"九华立春祭""班春劝农""石阡说春"以及后来的"三门祭冬""壮族霜降节""苗族赶秋""安仁赶分社"等项目,列入二十四节气的扩展名录,成为二十四节

联合国申遗会场

气遗产项目同民俗内容的一部分。

每一个名字后面，都有一个个精彩的故事。

比如“九华立春祭”。从被淡忘的历史角落里初次接触到它，到全面了解、深入挖掘，再到这项古老的风俗的复原，同样经历了它的10年……

“九华立春祭”的梧桐祖殿，是我国唯一一座供奉春神的殿宇。在2001年，被浙江衢州一位民俗爱好者首先发现时，一片破败不堪，是村里作为木材加工和碾米厂的地方。

后来，民俗爱好者把这个发现告诉了一位当地记者，同为民俗文化学者的记者，对此很有兴趣，专程到现场看了几次，决定深入发掘这块荒废庙宇背后的故事。他翻阅史料，探访当地老人，和那位发现者不断探讨交流……一点一滴地发掘着古庙遗址中蕴含的习俗涵义。

2005年，记者在当地报纸刊发了一篇关于唯一春神殿的报道，反响良好。

随着研究的不断深入，梧桐祖殿的魅力开始绽放。“九华立春祭”先后入选市、省和国家非物质文化遗产名录。2016年，“九华立春祭”也与班春劝农、贵州石阡县的石阡说春和三门祭冬等民俗活动捆绑，成为了世界级非物质文化遗产。至此，“九华立春祭”已经走过了十余年的申遗历程。

窥一斑而知全貌，作为一个庞大的知识体系和社会实践的二十四节气，其每个细小分支的背后都站着许许多多中国传统文化爱好者，凝聚着许多人的心血和努力。

申遗后5年

2011年,国家文化部、中国非物质文化遗产保护中心、中国农业博物馆、中国民俗学会、非遗项目传承人代表等共坐一堂,讨论着中国下一轮申遗项目的选择。经过审慎论证,最终达成共识:以最具中华文化典型性、代表性为标准,在14个备选项目中选出了二十四节气,作为2015年申报联合国教科文组织“人类非物质文化遗产”的首选项目。

二十四节气的申遗准备工作,就此拉开序幕。

作为我国农耕文明的优秀代表,“二十四节气”影响力覆盖全国,跨民族、跨地域、跨涉不同文化类型,涉及多个学科。如何在联合国教科文组织《保护非物质文化遗产公约》框架下精准地表达这项遗产,提高其可见度,成为申遗的重要工作。

工作开展后发现,真是千头万绪,错综复杂。

比如二十四节气的定性问题。按照《保护非物质文化遗产公约》规定,联合国教科文组织人类非物质文化遗产项目申请可分为五类:一是口头传统和表现形式,二是表演艺术,三是社会实践、仪式、节庆活动,四是有关自然界和宇宙的知识和实践,五为传统手工艺。“二十四节气”应当列入哪一项或进行多项申请?这个看似简单的问题,其实却非常难取舍。专家们连续召开三次讨论会,通过激烈辩论和认真推敲,最终确定把二十四节气列入第四类别:有关自然界和宇宙的知识和实践。

二十四节气看似简单的申报材料，是许许多多此类细节反复的论证和推敲，从收集资料、精心构思、反复论证到最后的逐字逐句逐画面精心打磨。从2014年4月至2015年3月，中国非物质文化遗产保护中心先后召开了十三次申报材料评审工作会议。“熬夜”，成了二十四节气申遗过程中的关键词。

此外，由于二十四节气丰富的内涵，在申遗准备过程中除非遗专家外，还有民俗学、天文历法、农业文化等各领域的权威专家参与。并且因为二十四节气的主体是人，除了各领域专家学者外，还协同了各地区文化馆、社区等大量人力。

2015年3月，中国向联合国教科文组织提交了申报材料，包括申报文本、社区知情同意书、清单节录、照片和视频等文件。

申遗趣事

在联合国教科文组织人类非物质文化遗产项目评审会上，二十四节气的宣传视频获得了国际友人的掌声。这段“制作一年，保密一年”的申遗片，时长10分钟左右，拍摄地遍布全国。涉及一整年的节气以及多民族习俗。在拍摄中，发生了不少有趣的故事。

百里寻牛

“‘惊蛰一犁土，春分地如筛。’许多与节气相关的农谚口耳相传，在当代农业生产中继续发挥着作用……”在纪录片中有这么一个关于春耕的镜头，是拍摄组取景于河南地区的

春耕图

一个画面。

短短数秒钟的镜头，拍摄时却是一波三折。

拍摄组第一次到河南登封市时，正是秋季，恰逢霜降、寒露节气。“寒露柿红皮，摘下去赶集。”拍摄组拍摄了当地居民摘柿子做柿饼的画面，感觉很不错。接下来，“寒露早，立冬迟，霜降收薯正适宜”，霜降收红薯的场面，虽然涉及场面较大、人员较多，但也不算太难。尤其对当地一位老农的采访，老农质朴的讲解，成为这部纪录片的一个亮点。然而，当拍摄寒露种麦时，拍摄工作却被迫停了下来。

如今的农村，机耕已非常普遍，“耕牛”早已退出农耕历史，老百姓已经都不喂牛了。摄影组会和当地相关人员决定分头去寻找，这一找就是好几个乡镇，跑了上百里。后来，终于在半山处找到了一户农家，院里养着一头牛和一头驴。苦寻良久的工作人员，像捡了宝贝一样地欢天喜地。

后来，在这家人的配合下，最终完成了犁地的画面。

千人饺子宴

二十四节气申遗片拍摄组第二次到河南时，正值冬至节。

“冬至大如年”，作为二十四节气中非常重要的一个节气，中国古代的“岁首”，用来表现冬至场景的画面该是什么呢？

全家聚餐，祭祀祖先？

做汤团，包馄饨？

妇女向长辈敬献鞋袜，以为其祈祝长寿？

学子拜圣师，烧圣纸？

还是很有特色的消寒会？九人相约宴饮小聚，轮流做东，从一九到九九，各做东道主一次。

或者绘制九九消寒图的画面？

千人饺子宴

几经商讨,后来决定拍摄最有代表性的冬至饺子宴。

于是一个村的人聚在一起,男人们生火、提水、架锅,女人们围在一起包起了饺子。男女老少,欢天喜地。已经很多年,没这么热闹过了。上千人的欢声笑语,一碗碗热气腾腾的饺子,定格于宣传片中,成了极富浓郁民俗风情的一幕。

二十四节气的翻译

二十四节气,24个有着丰富文化内涵的"中国符号",一一翻译出来同样不简单。这也是摆在申遗工作组成员们面前的难题之一。

这一种文化的"移植",或者意境的"穿越",经历了无数次的冥思苦想和反复推敲。

比如"清明"。在中国人的观念里,清明至少有三层意思:

首先是一个描述春景的名词。所谓"清明",就是到了此时"冰雪融化,草木青青,天气清澈明朗,万物欣欣向荣",两个字说出了无限春意的喜悦。

"清明"也是一个扫墓祭祖的重要日子。在这一天人们来到已逝亲人的墓前,怀念故人,感恩先辈。在这里,清明是个返本追宗、慎终追远的节日。

"清明"还是一个和农耕生产联系非常紧密的重要节气。"清明前后,种瓜点豆。""清明"又是一个催耕的符号。

如何用一个英语词汇来表达这么多内容呢?

有人译为Tomb-sweeping Day(扫墓的日子),这个翻译强调了清明节的重要习俗——扫墓，可是并不准确，因为扫墓只是清明节的一个活动，并且还是区域性的。

有人把清明节翻译为All Souls' Day（万灵日），这是一种站在对方文化角度考虑做出的翻译。教会在这一天为那些去世后无法进入天堂的信徒祈祷，希望他们早日进入天堂。其基本意义和清明节相似，也是祭奠死者的节日。可是中国的清明节，并非只是悲悲切切的亡人怀念日。

还有人翻译为Clear and Bright，清洁和明亮。这个翻译描述了一种天气状况，作为节气名词意思基本达到了要求。但在描述准确之下，它又少了一种意境。

综合考虑之下，申遗工作组最终确认了清明节的翻译：Pure Brightness，优先满足了气候描述以及一种洁净明亮的意境，同时和其他节气翻译的出发点保持了一致。

下面就是历经推敲后的二十四节气英文版的官方版本：

立春（The Beginning of Spring）：春季的开始。

雨水（Rain Water）：降雨开始，雨量渐增。

惊蛰（The Waking of Insects）：春雷乍动，惊醒了蛰伏在土中冬眠的动物。

春分（The Spring Equinox）：春分表示昼夜平分。

清明（Pure Brightness）：天气晴朗，草木繁茂。

谷雨（Grain Rain）：雨生百谷。雨量充足而及时，谷类作物能茁壮成长。

立夏（The Beginning of Summer）：夏季的开始。

小满（Lesser Fullness of Grain）：麦类等夏熟作物籽粒开

二十四节气申遗成功现场

始饱满。

芒种(Grain in Beard):麦类等有芒作物成熟。

夏至(The Summer Solstice):炎热的夏天来临。

小暑(Lesser Heat):小暑就是气候开始炎热。

大暑(Greater Heat):一年中最热的时候。

立秋(The Beginning of Autumn):秋季的开始。

处暑(The End of Heat):处暑是表示炎热的暑天结束。

白露(White Dew):天气转凉,露凝而白。

秋分(The Autumn Equinox):昼夜平分。

寒露(Cold Dew):露水以寒,将要结冰。

霜降(Frost's Descent):天气渐冷,开始有霜。

立冬(The Beginning of Winter):冬季的开始。

小雪(Lesser Snow):开始下雪。

大雪(Greater Snow):降雪量增多,地面可能积雪。

冬至(The Winter Solstice):寒冷的冬天来临。

小寒(Lesser Cold):气候开始寒冷。

大寒(Greater Cold):一年中最冷的时候。

“一锤定音”申遗成功

庆贺二十四节气申遗成功

2016年11月30日,埃塞俄比亚当地时间12点40分,联合国教科文组织人类非物质文化遗产项目评审现场,随着主持人说完“评委无异议”的一锤定音,我国申报的“二十四节气——中国人通过观察太阳周年运动而形成的时间知识体系及其实践”正式列入联合国教科文组织人类非物质文化遗产代表作名录。

消息传回祖国,全国上下一片欢腾。因为世界遗产再添了“中国符号”,这不仅是联合国科教文组织对中国二十四节气的一致认可,也体现出国际社会对保护传统知识与实践类非物质文化遗产的重视。

至此,二十四节气这一古老的历法,以一种生动新鲜的面容向着现代走来。

一个文化“索引”

二十四节气到底是什么呢?

一位目不识丁的老农说:“不懂二十四节气,不会管园种田地。”

一位美食家说:“每一个节气美食都带着人间暖暖的爱,每一个食俗都蕴含了一份美好憧憬。”

一位绘本作者说:“有用或无用,最后都得看有心或无心,(二十四节气)提醒你好好珍重这一年。”

一位画家说:“节气,是中国人诗意栖居的创造,衣食农事,依季候而作,随时光流转。”

一位摄影爱好者说:“(二十四节气)让我们知道生活不仅是春夏秋冬,更是24个感知自然细微的时刻,它让我们相信:生活远比想象的美好。”

一位农业专家说:“作为农事指导的二十四节气,为中华农耕时代的物质文明和文化发展做出了巨大贡献。”

一位气象学家说:“二十四节气是华夏的宝贵科学遗产,在国际气象界它被誉为‘中国的第五大发明’!”

一位历史家说:“中国是世界上最早使用历法的国家之一,二十四节气是古代中国独有的一种历法。”

一位民俗学家说:“节气在风俗方面体现得尤为明显,显示出强大生命力。”

一位天文学者说:“通过理解二十四节气的形成,能够理解古代知识以及古代人的宇宙观。”

一位科普作家说:“二十四节气能够沿用到现在,足见其具备很强的科学性和实用性。”

一位中医专家说:“四时二十四节气变化亦与人体病理变化关系极为密切。”

一位做了爷爷的老人说:“少年时,祖父教我这首《二十四节气歌》,开启了我感知世界的新视角;多年后,我的孩子在城市的春天里唱念这支歌。生命,不正是因为这样的点滴传承,晕染出融融暖意吗?”

一位文化学者说:“节气不仅跟农民、农业有关,不仅跟养生有关,也跟我们每个人对生命、自然、人生、宇宙的感受、认知有关……古人把五天称为微,把十五天称为著,五天多又称为一候,十五天则是一节气,见微知著,跟观候知节一样,是先民立身处世的生活,也是他们安身立命的参照。”“中国源远流长的精神气节,源头正是时间中的节气。”

……

那么,如今已作为“人类非物质文化遗产”的二十四节气,到底是什么呢?

二十四节气是一篇延绵了数千年的生命史诗,是一个二十四维时空的天地现场,是中华文化的七十二般通灵变化。

而这本小书,则是通往这个缤纷世界的一把钥匙,一个索引。

第二章

二十四节气在中国

“一生二,二生三,三生万物。”

二十四节气的形成,同样经历了这样一个从无到有的形成和演化过程。

从“混而为一”到分出春夏秋冬,从四季到十二个月,又到二十四节气、七十二物候……

从远古到近代,千年光阴流转,才有了这样一份闪烁着天地之光的万物作息表。

回到时间的鸿蒙时代

对华夏民族来说，二十四节气究竟有多重要？

要回答这个问题，你首先得动用一些想象力。

首先，我们要“脱离”现代，“穿越”回远古时期，回到那个没有年、月、日、节气等任何时间划分的史前世界。

远古，是一个什么样的世界呢？

“混沌未分天地乱，茫茫渺渺无人见。”这是《西游记》开篇的两句话。想一想，天地都还没有分开，没有光也没有黑暗，没有轻也没有重，没上下左右前后，没过去现在将来……还真是“茫茫渺渺”，就那么混混沌沌一团。汉代《淮南子》开篇也说：“天地未形，冯冯翼翼，洞洞灟灟，故曰太昭。”意思是说，在天地还没有形成的时候，混混沌沌，无形无象，所以叫做太昭。

“开天辟地”，是中国的一个古老神话。有一位叫做盘古的巨人，用一把板斧劈开了混沌，使之有了天地。后来，盘古累倒，他的身体又化为了这天地之间的日月星辰、山川河流和花草树木。盘古，就是中国人的始祖。

现代科学界，有个宇宙大爆炸学说。说的是大约在150亿年前，宇宙所有的物质都高度密集在一点，有着极高的温

开天辟地图

度，后来发生了一次大爆炸——也就是说，在一声无比巨大的“嘭”之后，我们的宇宙诞生了。

随后是一段非常长的沉寂时期，科学家的推演中，大约在宇宙形成后的100亿年之后，也就是说大概距今46亿年前，我们的星球——地球诞生。

地球诞生后，再次经历一段非常久的沉寂时期。那时候，还没有任何生物。

大概在距今五六亿年前，开始有了海藻类单细胞生物。后来以一亿年为单位，相续进化出最早的脊椎动物、植物、海洋生物和水陆两栖动物、爬行动物、类似哺乳类爬行动物，然后出现了恐龙。

恐龙之后，物种进化开始以千万年为单位。700-800千万年后出现了哺乳动物和鸟类，再然后有了植物……

在一千二百万年前，人类第一次出现了。

人类出现后，依然首先经历了一段很长的“智力沉寂期”。人类混迹于动物界，生活在丛林中、洞穴里，茹毛饮血、而衣皮苇，浑然没有“年”和“岁”的概念。相对这个存在已有几十亿年的天地，人类显得多么稚嫩和懵懂。

眼前的世界，对新生的人类来说，无异于一个庞大的谜团。

文史小知识

盘古庙：为祭祀中国神话中开天辟地的始祖大神盘古的神庙。中国之大，各地神庙难以统计，现罗列较为著名的三处盘古庙，分别为沧州市盘古庙、耒阳市盘古庙和柳州市盘古庙。

刻画在天空的节气表

深山的野兽,有时候频繁现身,有时候又杳无踪迹;天空中的鸟儿,有时成群结队飞来,有时又成群结队飞走;某片草原上,有时可以采摘到一种可食植物,有时又可以采集另一种植物果实……

天气也在变化着,有一段时间让人瑟瑟发抖,在另外一段时间里又无时无刻不是汗流浃背。

生老病死,也神秘难测。那些比自己早出现的人,他们在缓慢变化着,然后有一天就消失了。有时候,又有一些新面孔出现,他们在不断变化着,直到后来成为和自己差不多的样子。

横向的"你、我、他",纵向的"过去""现在"和"将来"怎么表达? 怎么计算?

这些都无法回答。

初生于这片大地上的人类,就像探险家在一无所知的陌生地方迷失了方向一样,说不出自己究竟在天地的哪个角落,也不知道自己在时间长河里的具体位置。

迷路的探险家迫切需要一个东西——指南针。

而好奇的人类也需要一个东西——时间。

心怀强烈好奇的人类，环顾四周，执着地寻找答案。

渐渐地，先人们发现：自己所处的环境里，天是不动的，地也是不动的。然而头顶的太阳东升西落，周而复始地带来昼和夜的变化。

于是，观察太阳成了古人一件重要的事。

“日出而作，日落而息。”古人在观察来的这第一条太阳运动的规律上，总结出了第一条人类的劳作规则。

白天的天空属于太阳，夜晚的天幕则属于月亮。

古人又开始观察月亮，古人发现月亮不但也在东升西落，同时，它还有着盈亏的变化。

有时，月亮完全不出现。有时它弯弯细细的，斜挂于天幕的某处。然后随着每一次的重新升起，不但升起的位置在移动，月亮本身也在一点点变大，直到某一天变成圆圆的形状。随后，又一天天变小，直到重新变成弯弯细细的，然后在下一天完全消失，夜晚陷入黑暗之中。

在这种周而复始的观察中，古人从月亮的盈亏圆缺的周期中渐渐得出“月”的概念。

在月亮“消失”不见的夜晚，漫天闪烁的星斗出现了。

人们又对这满天星斗产生了兴趣，在不断的观察中，把它们划出区域，为它们一一命名。

相比月亮，星星是个更加复杂的观察对象。然而古人在一种顽强而执着的探索精神之下，慢慢地再次发现星星们的奥秘：它们有的在天空的位置会移动，有的却不会，有的星星会在某个时间段出现，有的则会在某个时间段消失……

古人观月图

在没有月亮的夜晚，大地漆黑一片，然而漫天的星斗出现了。人们又对这漫天星斗产生了兴趣，把它们划出区域，给它们一一命名。

慢慢的，古人认识到了星星们之间的不同：它们在天空中的位置有的会移动，有的却不动，有些星会在某个时间段出现，而在另一时间段里消失……

所以在汉语中，衍生出一个非常美的用来形容时间变化的成语，叫“斗转星移”。

太阳、月亮、和星星成为了古人观测天象、推算时间的三大法宝。

最初的“四季”

——节气的形成和发展历程(一)

远古时代的时光,缓慢而悲壮。

随着农耕生产的发展,先人们开始逐步认识自然界的各种变化。同时,对日月星辰的观察的经验也在不断积累。在这种长期的积累中,先人们渐渐发现天上的日月星辰和世间事物变化的某种联系。

“时间”找到了一个可被计算和规划的依据,“节气”也有了一个雏形。

在古代,能划分四季是一件很了不起的事。“唯圣人知四时。”只有“神”的代言人,可以和天沟通的圣人才可以做到。这样的圣人非常少,比如尧、舜……

《尚书·尧典》中可以找到尧帝划分四季的方法:“日中星鸟,以殷仲春……日永星火,以正仲夏……宵中星虚,以殷仲秋……日短星昴,以正仲冬……期三百有六旬有六日,以闰月定四时成岁。”从这些记录可以看出,尧帝是夜观星象定的四季,以四组星体组合黄昏出现在正南方天空的现象来划分春夏秋冬。

对照今天的二十四节气,尧帝所依据的四个天象,所表示的是春分、夏至、秋分、冬至四个节气,也就是所谓的“两分两至”。当然,尧帝时期的春夏秋冬和今天相比,还比较粗

夏季荷花绽放

略，但从人类文明发展历史来看，那却是"开天辟地"的一个进步。

在尧之后，舜接替了王位。作为圣人贤主，舜同样具有和天沟通的神通，同样制定历法"敬授人时"。舜是个勤勉的圣人，亲自躬耕于历山，犁地种田、收割浇灌。在学习尧通过星象定四季方法的同时，舜又把目光锁定在了大地之上，观察一年中动植物的变化规律，于是总结出了物候历。

从观星象定四时到物候历，舜让季节的划分除了天象的根据外，又多了物候变化的注释，使得四季的概念变得更加丰富。

考古学家通过甲骨文研究发现，到夏商时已有春、夏、秋、冬、风、霜、雪等文字，到了西周，已经有了八个节气。也就是说在尧舜时期的"两分两至"外，又多了"四立"：立春、立夏、立秋、立冬。

"八节"的出现让一年四季有了更为准确的划分。同时，"八节"也是二十四节气中的骨干，它为节气后续的发展提供了一个脉络清晰的框架。

十二个月的物候总结

——节气的形成和发展历程(二)

自从人类降生于这颗星球之上，对宇宙、自然的探索和思考就从未停止过。

在“八节”定了四季后，二十四节气并没一路往前，而是拐了个弯，把重点更多的放在了物候变化规律的观察和研究上。若对其缘由进行推测，应该是当时人们“靠天吃饭”，对自然状态无法抵抗和被动依赖而产生了掌握四季节令的强烈需求。

《吕氏春秋》之《审时》里这么说：“凡农之道，厚之为宝。斩木不时，不折必穗；稼就而不获，必遇天菑。夫稼，为之者人也，生之者地也，养之者天也。”它的意思是，农作的原则，以笃守天时最为重要。伐木不顺应天时，木材不是折断就是弯曲。庄稼熟了不及时收获，一定会遭到天灾。庄稼，种它的是人，生它的是地，养它的是天。

这也从另一方面说明了，在古代时令对农耕的重要性。

目前，我们所能找到的最早的有物候说明的历法古书叫《夏小正》，它以全年十二个月为序，记载了每月的天象、物候、民事、农事等方面的内容。

夏朝之后，又有一本名为《逸周书》的大书。在这本书里，把一年分为四季，每一季又分孟、仲、季三月，详细记载了一年十二个月里每个月的天象、物候现象、神位等内容。

到了战国时期，秦王嬴政相国之后，广招门客编写了一部杂家著作——《吕氏春秋》。在这本“备天地古今万物之事”的书中，同样采用了一年四季、每季孟仲季三月共十二个月的算法，分别对每个月发生的一些自然现象和农事活动做了论述。

整合二十四节气的《吕氏春秋》

《吕氏春秋》的贡献，主要是整合、延续了《夏小正》《逸周书》的成果，其本身并没多大进步。然而它比前两者多出的，是一种需求方面的扩大。尤其值得一提的是，在《吕氏春秋》里还首次出现了季节变化时人的身体状态，以及与此对应的生活方式的描述。同时，《音律》将节气和音律创造性地结合在一起，尤其令人称叹。这些也说明了，古人对社会、生活、自然等元素的整体考虑，以及互相之间的关联和应用。

从“四时”到“八节”，从“八节”到“十二纪”，先人们对节气的认知越细化，生产和生活也就越变得有章可循。

从混沌天地到四季明确、十二个月井然有序，说起来不过短短几行文字，我们的祖先却走了漫长的几千年，不由令人感慨，历史的厚重，文明的来之不易。思虑至此，怎能不对古人生出无限敬畏和感恩之心。

再说二十四节气

——节气的形成和发展历程(三)

到了汉代,出了一位有意思的皇室子孙——淮南王刘安,淮南厉王刘长之子,汉高祖刘邦的孙子。历史上对刘安的评论不一,他阴谋造反想夺王位,最后因失败而自杀,是一位不忠之臣。同时他又以好读书、爱百姓而流誉天下,他所著的《离骚传》是中国最早对屈原及其《离骚》作高度评价的著作。

然而,刘安至今为人们津津乐道,源自以下几点:

他在炼丹的时候偶然间发明了豆腐,成为中国流传至今的传统食品之一。

他鼓捣鸡蛋壳,使之浮升,是世界上最早尝试热气球升空的实践者。

还有一个出典于他的成语叫“一人得道,鸡犬升天”。

并且,他当年还招揽各方贤才数千人,编写学术巨著《淮南子》,内容涉及政治学、哲学、伦理学、史学、文学、经济学、物理、化学、天文、地理、农业水利、医学养生等领域,为后人留下了一份宝贵的精神财富。在这本《淮南子》里,第一次有了完整的二十四节气名称以及七十二物候的具体内容,这也是在我国历史上,第一次出现了和现在使用的二十四节气名称完全相同的记录。

二十四节气四季时间(公历)表

季节	节气名称	节气日期	太阳黄道位置
春季	立春(正月节)	2月4或5日	315°
	雨水(正月中)	2月19或20日	330°
	惊蛰(二月节)	3月5或6日	345°
	春分(二月中)	3月20或21日	0°
	清明(三月节)	4月4或5日	15°
	谷雨(三月中)	4月20或21日	30°
夏季	立夏(四月节)	5月5或6日	45°
	小满(四月中)	5月21或22日	60°
	芒种(五月节)	6月5或6日	75°
	夏至(五月中)	6月21或22日	90°
	小暑(六月节)	7月7或8日	105°
	大暑(六月中)	7月23或24日	120°
秋季	立秋(七月节)	8月7或8日	135°
	处暑(七月中)	8月23或24日	150°
	白露(八月节)	9月7或8日	165°
	秋分(八月中)	9月23或24日	180°
	寒露(九月节)	10月8或9日	195°
	霜降(九月中)	10月23或24日	210°
冬季	立冬(十月节)	11月7或8日	225°
	小雪(十月中)	11月22或23日	240°
	大雪(十一月节)	12月7或8日	255°
	冬至(十一月中)	12月20或22日	270°
	小寒(十二月节)	1月5或6日	285°
	大寒(十二月中)	1月20或21日	300°

至此,二十四节气完成了它漫长的演化历程。

从古书《夏小正》到《淮南子》,历史走了两千多年。

从西汉至今,又是两千多年过去。

二十四节气就这样经历了数千年的漫长演变史,成为了中国传统文化不可分割的一部分,是每个中国人不可替代的文化记忆。

二十四节气细解

那么,二十四节气具体指哪些节气呢?

“两分两至”和“四立”:春分、夏至、秋分、冬至、立春、立夏、立秋、立冬,也就是俗语中的“八节”,是用来划分一年四季的八个节气,也是二十四节气中首先被确立下来的八个节气。

后来,随着生产力的发展,铁制工具的普及和农田水利灌溉的大发展,耕地面积日益扩大,农事活动有了日益精细和复杂的需求。这就使得古人对天时的掌握有了迫切的需求,需要更多的主动性和预见性,以便更好耕种,得到更多收获,养育更多的人。

于是,先人们根据气候、天气、物候以及农业生产活动的规律和特征,在前面八个节气的基础上,又先后补充和确立了十六个节气,即:雨水、惊蛰、清明、谷雨、小满、芒种、小暑、大暑、处暑、白露、寒露、霜降、小雪、大雪、小寒、大寒。

一年有十二个月,共二十四个节气,也就是说每个月有两个节气,每15天一个节气。

二十四个节气的名称和内容如下:

立春——立是开始的意思,立春就是春季的开始。

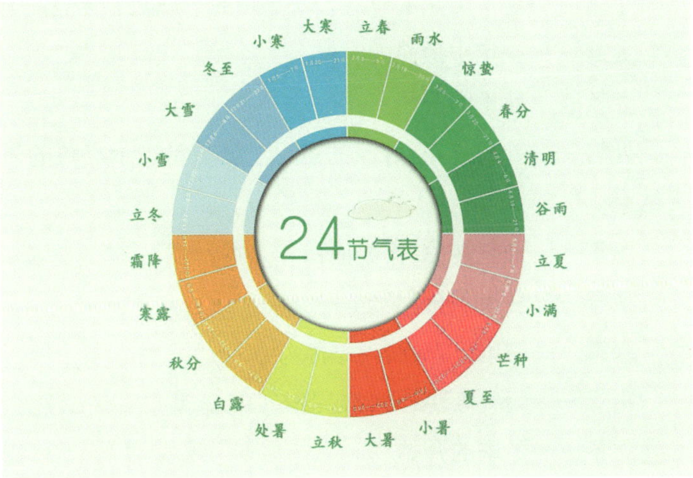

二十四节气表

雨水——降雨开始，雨量渐增。

惊蛰——蛰是藏的意思。惊蛰是指春雷乍动，惊醒了蛰伏在土中冬眠的动物。

春分——分是平分的意思。春分表示昼夜平分。

清明——天气晴朗，草木繁茂。

谷雨——雨生百谷。雨量充足而及时，谷类作物能茁壮成长。

立夏——夏季的开始。

小满——麦类等夏熟作物籽粒开始饱满。

芒种——麦类等有芒作物成熟。

夏至——炎热的夏天来临。太阳到了北边太阳能到的最极至的地方(北回归线)。

小暑——暑是炎热的意思。小暑就是气候开始炎热。

大暑——一年中最热的时候。

立秋——秋季的开始。

处暑——处是终止、躲藏的意思。处暑是表示炎热的暑天结束。

白露——天气转凉,露凝而白。

秋分——昼夜平分。

寒露——露水已寒,将要结冰。

霜降——天气渐冷,开始有霜。

立冬——冬季的开始。

小雪——开始下雪。

大雪——降雪量增多,地面可能积雪。

冬至——寒冷的冬天来临。太阳到了南边太阳能到的最极至的地方(南回归线)。

小寒——气候开始寒冷。

大寒——一年中最冷的时候。

二十四节气歌

为方便记忆和传诵，古人又把二十四节气编成儿歌、诗歌、童谣、民谚等，其中一首流传最广，也最为人们所熟知，至今仍被人们作为启蒙诗歌用：

二十四节气歌

春雨惊春清谷天，夏满芒夏暑相连。

秋处露秋寒霜降，冬雪雪冬小大寒。

这四句知名度最广，是这首二十四节气歌的精华部分。

一共四句，分别对应春夏秋冬四个季节。

每一句包含六个节气，由每个节气各取一个字按次序编写而成。

比如"春雨惊春清谷天"，说的就是——(立)春、雨(水)、惊(蛰)、春(分)、清(清明)、谷(雨)，为押韵合辙最后加了一个"天"字，就这样组成了一句歌诀。

同理，下面三句也是以同样形式组成：

(立)夏(小)满芒(种)夏(小、大)暑相连，

(立)秋处(暑)(白)露秋(分)寒(露)霜降，

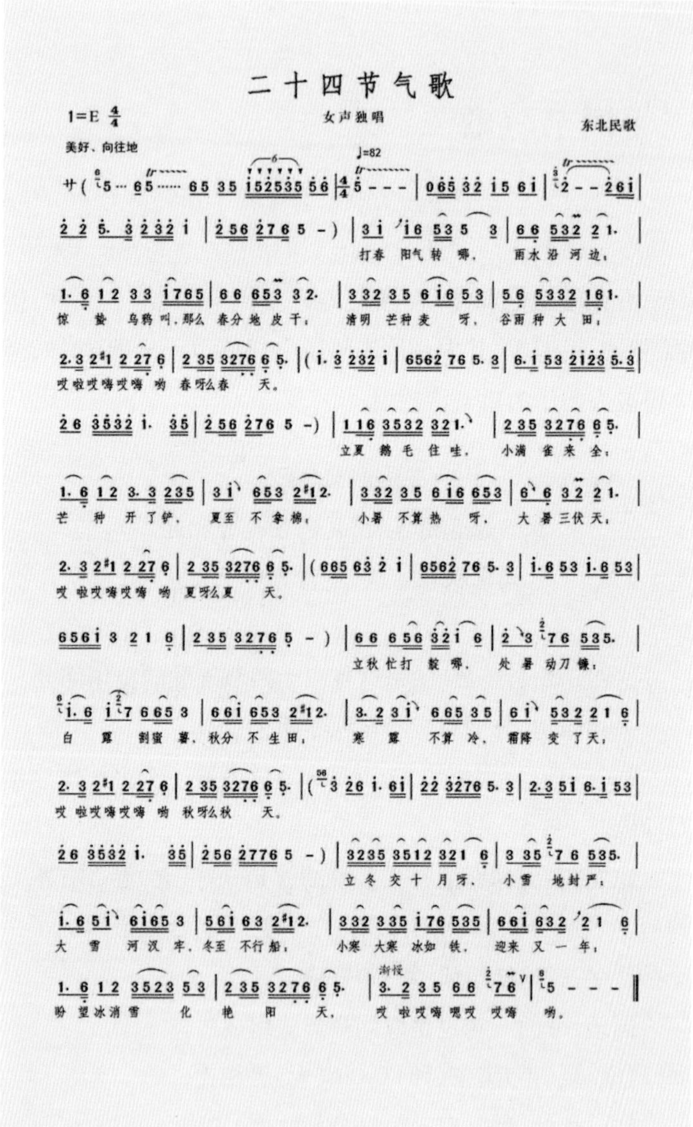
二十四节气歌
1=E 4/4
女声独唱
东北民歌
美好、向往地
♩=82
打春阳气转哪，雨水沿河边，
惊蛰乌鸦叫，那么春分地皮干；清明芒种麦呀，谷雨种大田；
哎啦哎嗨哎嗨哟 春呀么春天。
立夏鹅毛住哇，小满雀来全；
芒种开了铲，夏至不拿棉；小暑不算热呀，大暑三伏天；
哎啦哎嗨哎嗨哟 夏呀么夏天。
立秋忙打靛哪，处暑动刀镰；
白露割蜜薯，秋分不生田；寒露不算冷，霜降变了天；
哎啦哎嗨哎嗨哟 秋呀么秋天。
立冬交十月呀，小雪地封严；
大雪河汊牢，冬至不行船；小寒大寒冰如铁，迎来又一年；
渐慢
盼望冰消雪化艳阳天，哎啦哎嗨嗯哎哎嗨哟。

二十四节气歌谱

(立)冬(小)雪(大)雪冬(至)小大寒。

事实上,这四句只是这首二十四节气歌的一半,下面还有四句,说的是二十四节气的时间规律。

后四句如下:

每月两节不变更。(一年中每个月都有两个节气)

最多相差一两天。(每个节气所在的时间和预测的时间相差不会超过一两天)

上半年来六、廿一。(上半年每个月的节气一般都是在6号和21号)

下半年是八、廿三。(下半年每个月的节气一般都是在8号和23号)

这首二十四节气歌自古就有,世代相传。事实上,如果你会背了这首节气歌,那么二十四节气也便知道了大半。

需要说明的是,关于二十四节气歌,我国流传较广的还有其他几首,因篇幅关系就不再展开。其他几首,如《节气百子歌》《二十四节气农时歌》《中央七套农业二十四节气歌》等,都具有特色鲜明、意境优美以及朗朗上口的优点,同样值得一读。

七十二物候

在二十四节气的基础上，古人还对节气进行了进一步细化，那就是七十二物候。

什么是物候？

物候，也叫候应，是指植物和生物的生产活动规律随季节、气候变化而产生的各种不同现象。比如植物发芽、开花、落叶，动物迁徙、鸣叫、冬眠，以及各种水文气象如雨露霜雪雷等，都属于物候现象。

“候”就是气候，每候5天，每三候15天为一节气。

七十二物候，可以说是古代的物候历，是二十四节气的细化和补充。

二十四节气和七十二物候对应关系，具体内容如下：

节气　物候

立春：东风解冻，蛰虫始振，鱼陟负冰。

雨水：獭祭鱼，候雁北，草木萌动。

惊蛰：桃始华，仓庚鸣，鹰化为鸠。

春分：玄鸟至，雷乃发声，始电。

清明：桐始华，牡丹华，虹始见。

七十二物候表

春季节气	候应	夏季节气	候应	秋季节气	候应	冬季节气	候应
立春	东风解冻 蛰虫始振 鱼陟负冰	立夏	蝼蝈鸣 蚯蚓出 王瓜生	立秋	凉风至 白露降 寒蝉鸣	立冬	水始冻 地始冻 雉入大水为蜃
雨水	獭祭鱼 候雁北 草木萌动	小满	苦菜秀 靡草死 麦秋至	处暑	鹰乃祭鸟 天地始肃 禾乃登	小雪	虹藏不见 天气上升 闭塞而成冬
惊蛰	桃始华 仓庚鸣 鹰化为鸠	芒种	螳螂生 鵙始鸣 反舌无声	白露	鸿雁来 玄鸟归 群鸟养羞	大雪	鹖鴠不鸣 虎始交 荔挺出
春分	玄鸟至 雷乃发声 始电	夏至	鹿角解 蜩始鸣 半夏生	秋分	雷始收声 蛰虫坯户 水始涸	冬至	蚯蚓结 麋角解 水泉动
清明	桐始华 牡丹华 虹始见	小暑	温风至 蟋蟀居壁 鹰始挚	寒露	鸿雁来宾 雀入大水为蛤 菊有黄花	小寒	雁北乡 鹊始巢 雉始雊
谷雨	萍始生 鸣鸠拂其羽 戴胜降于桑	大暑	腐草为萤 土润溽暑 大雨行时	霜降	豺乃祭兽 草木黄落 蛰虫咸俯	大寒	鸡始乳 征鸟厉疾 水泽腹坚

谷雨:萍始生,鸣鸠拂其羽,戴胜降于桑。

立夏:蝼蝈鸣,蚯蚓出,王瓜生。

小满:苦菜秀,靡草死,麦秋至。

芒种:螳螂生,鵙始鸣,反舌无声。

夏至:鹿角解,蜩始鸣,半夏生。

小暑:温风至,蟋蟀居壁,鹰始挚。

大暑:腐草为萤,土润溽暑,大雨时行。

立秋:凉风至,白露降,寒蝉鸣。

处暑:鹰乃祭鸟,天地始肃,禾乃登。

白露:鸿雁来,玄鸟归,群鸟养羞。

秋分:雷始收声,蛰虫坯户,水始涸。

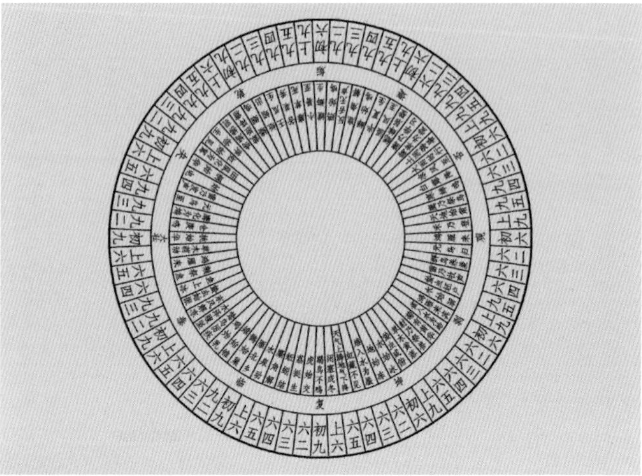

卦气七十二图

寒露：鸿雁来宾，雀入大水为蛤，菊有黄花。

霜降：豺乃祭兽，草木黄落，蛰虫咸俯。

立冬：水始冰，地始冻，雉入大水为蜃。

小雪：虹不见，天气上升，闭塞成冬。

大雪：鹖鴠不鸣，虎始交，荔挺出。

冬至：蚯蚓结，麋角解，水泉动。

小寒：雁北乡，鹊始巢，雉始雊。

大寒：鸡始乳，征鸟厉疾，水泽腹坚。

最后需要说明的是，七十二物候因为以黄河流域为观察对象总结而来，每5天的物候变化，一方面，对节气、物候的变化更加精确、细化，是二十四节气重要的补充。同时对幅员辽阔的中国来说，其使用和传播范围相对就小了很多，这也是七十二物候没像二十四节气那样广为流传的缘故。

第三章

科学的二十四节气

从“斗转星移”到“立竿见影”；从“劝农籍田”到“测天占候”；从“天象”到“物候”……

二十四节气，是华夏农耕文明的千年经验总结，是对天象运行的千年“观察笔记”，是气候和自然亲密关系的反复论证和推广，它展示了人类探索自然的科学态度，以及正确有效的科学方法。

二十四节气，又是华夏祖先留下的一份宝贵科学遗产。

从“斗转星移”到“立竿见影”

——二十四节气的科学测定方法

在古代，先人认识和划分节气有三大法宝：太阳、月亮、星星。后来还加入了自然界的物候变化，这四种参照从四个方面共同完成了中国古历法的建立。

有很长的一个历史时期，古人是以“星星”为指南针来划分时间的。

在古代，还没有工业污染遮挡天空。每到夜晚，满天繁星闪烁，引起先人们的兴趣。在经年累月的观测中，先人们渐渐发现了星空的奥秘，掌握了斗转星移和季节变换的关系。从北斗星斗柄的方向分四季，到尧帝的

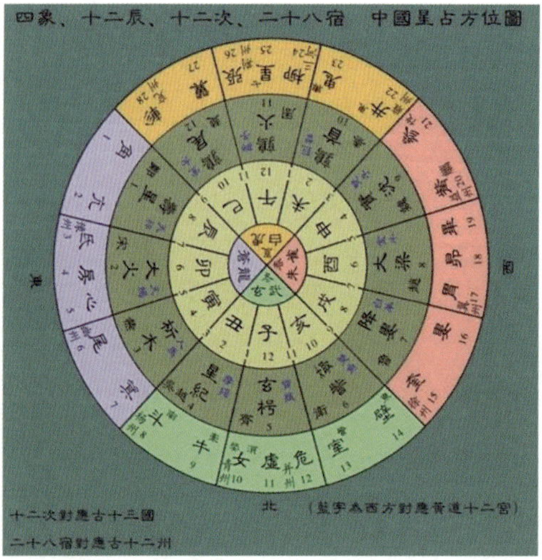

古代二十八星宿图

观测时间的日晷

四组星象位置"定四时",再到西汉《淮南子》里的二十八星宿,古人把星空假想成了一个巨大的钟表表盘。

看星辰、分节气,华夏民族在星空下仰望了数千年。

后来,人们发现以"天象"观测来掌握节气气候,有点粗疏和欠准确,有时还会遇到难以解释的问题。于是,又把主要注意力转回到了太阳。

"圭表测日影",代表着古人对天象的观测,从直观感受到使用工具的进步。

古代的人们,发现了一个现象:当太阳照在物体上时,地上就会产生影子,并且这影子是随着太阳的移动而变化的。这么一来,那高高在上并且光线刺眼的太阳,就有了被细细观察和研究的可能。

人们在地上竖起杆子或石柱,通过测量影子的长短变化来探索太阳运行的奥秘。

周公测景台

所谓“圭”，就是平放在地面测定影子长度的刻板。“表”，则是指直立的杆子或石柱。利用“圭表测日影”，先民们相续发现了冬至、夏至。在很长一点历史时期内，古中国测定的回归年值的准确度都是世界最高水准。

在河南登封市告成镇，有一座国家文物保护单位——周公测景台，据说就是西周时周公在这里“垒土为圭，立木为表，测日影，正地中，定四时”的地方。

怎么定四时呢？

就是观测所竖起的杆子，看它每天中午时投在地上影子的变化情况。在一年中，杆子投射出的影子最长的那天，就是冬至。相反，最短的那天就是夏至。

冬至和夏至，在差不多时期也被世界上其他文明观测到了。但是和其他文明不同的是，中国古人并没有就此止步，而是进一步将节气细化，从“两至”“两分”，后来又加入“四立”，构建了节气中主要的八个骨干节气，随后又根据物候、天气等补充十六个节气，构成完整的二十四节气内容。

在此之后，随着人们观测太阳的发现不断累加，最后完成了通过把太阳黄道（即地球绕太阳公转的轨道）平分24等份，使每一个节气在黄道上有了一个准确的对照角度，完全掌握了太阳运行和节气之间的对照关系，洞察了这些变化对我们生活的影响。

文史小知识

周公测景台：景通影，“测景”就是测量太阳的影子，是中国古代测量日影、验证四时、计年的仪器，三千多年前周公姬旦在这里研究天文的圭和表。位于河南登封东南十五公里告成镇周公祠前。

千年“灵验”的“天气预报”

一切智慧,都始于感官体验。

二十四节气对生活于现代的人们来说,最直接也是最常见的体验就是来自冷暖的感知。

在生活中,只要稍加留意,就能听到类似这样的话:

“哎呀,一立春就是不一样了,昨天还冻得缩手缩脚,今天温度蹭就上来了,出门好舒适啊,真是满满的幸福感!”

“今天刚立秋,夜晚就变得凉爽多了!”

“清明时节雨纷纷!”

“吃了寒露饭,单衣汉少见,真的要加一件外套了!”

……

“二十四节气真的很神!”于是人们感叹道。

可是有些人却不这么认为:“根本不是这么回事,节气也有不准的时候,只是人为地忽略了,比如清明,不可能年年这一天都下雨!”

似乎都有道理。

那么,作为已经沿用了两千多年的“天气预报”,二十四节气到底准不准呢?

答案是:当然准。但是二十四节气并非我们现代意义上

立春鞭春牛

的“天气预报”。事实上，二十四节气更像一种“中长期的天气预测”。

从气候预测这个角度来看，它是比较准确的，并且很有用。

首先，我们要明白的是中长期气候预测并非易事，在现代社会它也依然属于难以解决的科学问题。所以我们的祖先能通过太阳和地球的天文关系，实现对一年气候变化的预测，是一件非常了不起的事情。

比如，当某个节气中出现某种异常现象时，在后来就会发生一些更大的灾害天气，或者不利于生产的气候。这样的点滴发现，在日积月累中成为人们口口相传的农谚，被补充入二十四节气，使之具有了一种气候预测的功能。

这些传自古代的“占候”农谚，有的在科学研究不断发展的今天仍然具有参考借鉴的价值。

比如，“水淋春牛头，农夫百日愁”。说的是立春这一天，有个传统习俗——鞭春牛，当人们在举行这项民俗时下了雨，即立春节气这天下了雨，那么这一年就很有可能发生春旱。

类似这样的天气预测，还有“谷雨无雨，后来哭雨”“打雷惊蛰前，月半不见天”“霜降下雨连阴雨，霜降不下一冬干”等。

在科学还不发达的古代，二十四节气的“气候预测”功能，对人们意义重大。它的预警，可以使人们“未雨绸缪”，对灾祸提前做出防范，及时调整生产生活，以达到减灾防灾的目的。

这种相对准确的气候预测，有一定的科学原因。

从科学角度讲，事实上关于雨、雪等这种自然现象，其实和月亮、太阳对地球引潮力的影响有一定关系。天体间的“引潮力共振”，有时是一种气候变化的促发条件。比如说暴雨，当生成暴雨的条件满足了，如果碰到引潮力共振一促发，就会变成一场灾祸。

从另一种角度来说，二十四节气的天气预测功能，来自数千年自然规律的观察和总结，同时也经历了数千年的反复验证和改进。来自于数千年“第一手资料”的现场亲身积累，是基于数千年天气变化规律的总结和归纳，同样经历了数千年对照修正，使它符合科学观察法的定义。

一个精确到秒的“古”历法

——二十四节气的计算方法

你知道吗？我们现在每一个节气都是精确到几分几秒的。

这是一个有关时间计算的故事。

西汉时，对二十四节气的计算很简单，“日行一度，十五日为一节，以生二十四时之变”。这种算法简洁明了，就是15天一个节气，相当干脆利索。不过这种算法有个最大的难题，那就是全年时间对不上了，因为15×24＝360，而一个回归年是364.2422天。

后来，古人又想了一个办法。也就是说，索性把一个回归年所用的时间，也就是365.2422天，直接平均划分为二十四等份。这么一来，二十四节气的总数和全年时间就没了冲突，那么，每个节气的时间就是365.2422÷24=15.21875天。这种平均分配时间的方法，也叫做“平气法”。

平气法看起来还不错，也没出现很大的冲突难题。这种方法用了一千多年。

后来，一个天文发现让它暴露了不够准确的问题。北齐时，一位叫张子信的天文学家有了新的发现：太阳绕地球的运行（我们现在已经知道其实是地球绕太阳转动）速度，并

南京紫金山天文台

非是一成不变的，比如冬至前后运行速度快一点，而夏至前后则慢一些。

在这个重大发现的基础上，隋朝古人对节气找出了一个新算法：平均划分黄道。

所谓“黄道”，是指地球上的人看太阳于一年内在恒星之间所走的视路径。简单地来说，地球一年绕太阳转一周，我们从地球上看成太阳一年在天空中移动365或366圈，太阳的这个移动路线就叫做黄道。

新算法就是将黄道360度，均匀地划分为24等份，把节气时间和太阳所在的位置固定下来，那么365.2422÷24=15.21875度，每个节气太阳所走过的角度是相等的。这种划分节气的方法，叫做“定气法”。

平气法和定气法，所用的公式是一样的，但是前者平分的是全年时间，后者平分的是太阳运行角度。

定气法，让节气的时间计算走向精准。

当然了，受限于科技水平、计算工具等因素，古代使用定气法做到了精确到天，还无法精确到秒。对于节气时间的精确测量，是随着现代科技的发展而达到的。

1949年，中国人民共和国成立后，我国的农历、民用历书一直由南京紫金山天文台复杂推算和发布。通过现代科学方法计算二十四节气，实际上是一项复杂的运算。在这个现代运算公式中，不仅要计算太阳和地球的运行速度和角度，还要考虑整个太阳系间其他天体的引力作用，除了几大行星外，小天体的影响也要考虑在内。现代计算机技术以及互联网突飞猛进的发展，使得这一精确计算成为了可能。

于是，现在我们每一年的节气，都有了可以精确到几分几秒的准确度。

并且，如果你是个天文爱好者，买上几本相关专业书籍，如《农历编算与颁行》《理论历表》等，再借助电脑和互联网的力量，自己就可以完成二十四节气的运算。

曾经圣人、天子才有的至高无上的特权——定四时、敬授农时，随着人类文明的发展至今，已经成为一个再普通不过的天文知识。

时至今日，只要愿意，人人都有了学习的机会。

阴历？阳历？农历？

——二十四节气和历法

阳历，阴历，公历，农历。在日常生活中，我们经常会听到这四种叫法。然而，在这四种称呼之间，有不少人一知半解的看法，存在着某种“想当然”的误区。

那么，二十四节气属于阳历，阴历，还是农历？要回答这个问题，我们先从历法开始。

所谓历法，通俗点讲，就是安排与协调年、月、日以明确一个时间序列的法则或者制度。我们已经知道，历法的制定依赖于天文观测，那么根据观测对象的不同，就产生了不同的历法。

简单的说，以太阳为观测对象的，就是阳历。

阳历，只考虑太阳的周年视运动，太阳运行一周即为一年。也就是说，阳历一年的长度是365.2422日。

以月亮为观测对象的，就是阴历。

阴历，只考虑月亮的周期，根据月亮的盈亏圆缺周期来制定一个月。两者对比，就可以看出，阳历的“年”是准确的，对“月”则是大体符合；而阴历的“月”是精准的，对“年”是大体符合。

两者因侧重点不同，各有长处，也各有短板。

孙中山在这里颁布第一条政令——《改用阳历令》

所以世界上还有第三种历法的存在，那就是“阴阳历”。我国使用的就是典型的阴阳合历。

所谓阴阳合历，就是既要考虑月相的符合，就是说新月在初一、满月在十五，又要让一年的平均长度仍为365日多一年。这么一来，就必然同时容纳阴历和阳历两种成分，并要将它们调和起来，使之“年合四季、月合圆缺”，达成阴阳和谐。这样的历法是其他世界文明中所无法想象的，充分体现了古人的伟大智慧。

二十四节气，就是通过观察太阳运动轨迹发展而来的，通过“圭表测日影”确立了最先的节气，后来又通过把太阳视运行黄道均匀分成24等份来划分节气的，所以二十四节气本身是一个阳历。

中国传统历法一直是阴阳历，阴历是以月亮周期为准的太阴历（即初一为“朔”，十五六为“望”），阳历部分是二十四

中国天文学会第一届年会研究《改用阳历令》

节气。这种阴阳合历是中国古代唯一历法，所以在名称上也从来没有区分的必要。所以在古代，人们没有历法名称混淆的烦恼。

1912年，辛亥革命成功后，孙中山就任临时大总统，他发布的第一条政令——《改用阳历令》。从此，中国才有了两套历法。

1949年新中国成立后，宣布使用阳历。为区分起见，人们就把国际通用的阳历，称之为“公历”“阳历”，而把中国传统历法称之为“农历”。

在生活中，因为对这几个历法名称的混淆，形成了不少认识上的误区，给人们造成了额外的困扰。

至于二十四节气，它的正确属性应该是：阳历、农历。更准确地说，二十四节气是阴阳合历中的阳历部分。

二十四节气和节令

我国是一个幅员辽阔的国家，从南到北，跨越了三类五种气候类型：温带大陆性气候、热带季风气候、亚热带季风气候、温带季风气候以及高原山地气候。发源于黄河中游地区的二十四节气以及七十二物候，虽然经过了千年检验在各地都有一定的指导意义，但是无法满足不同地域的应用。

于是，人们又总结出了一套配合二十四节气使用的杂节气，作为一种辅助时节，使二十四节气更加能结合各地气候的不同、风俗的不同，而更加全面准确地为人们的生产和生活服务。

这些辅助节气，有些非常生动有趣，并且至今仍被人们使用着。

"冬九九"

数九寒天，就是从冬至算起，共包含了六个节气，其中有冬至、小寒、大寒、立春、雨水、惊蛰，每九天算一九，一直数到"九九"八十一天，即"出九"。

"冬九九"是从最冷的一天逐步数到了春暖花开。

中国民间广为流传的冬至《九九消寒歌》，俗称《九九

冬季雪景

歌》，生动形象地记录了冬至到来年春分之间的气候、物候变化情况，同时也表述了农事活动的一些规律：

一九二九不出手，
三九四九冰上走，
五九六九沿河看柳，
七九河开，八九燕来，
九九加一九，耕牛遍地走。

由于各地气候寒暖不一，各地的九九歌也就有些区别。除了上面流行最广的九九歌外，再举几个有趣的版本：

山西大同版

一九二九不算九，
三九四九押门叫狗。
五九六九开门大走，
七九八九河开看柳，
九九加一九，耕牛遍地走。

四川版

一九二九，怀中插手；
三九四九，冻死猪狗；
五九六九，沿河看柳；
七九六十三，路上行人把衣担；
八九七十二，猫狗卧阴地；
九九八十一，庄稼老汉田中立。

湖南版

一九二九，怀胸抱手；
三九二十七，檐前雨不滴；
四九三十六，茅草吊蜡烛；
五九四十五，咬牙像打鼓；
六九五十四，风吹如炸刺；
七九六十三，行人把衣担；
八九七十二，娃儿玩泥捏；
九九八十一，安排蓑衣和斗笠。

流行于七里河地区的数九歌

头九二九，冻破碴口。

三九四九，关门闭守。

五九六九，沿河看柳。

七九八九，精沟子(光屁股)娃娃拍手。

九九尽，庄稼人收拾打牛棍。

九九加一九，耧铧遍地走。

与《九九歌》相映成趣的，还有中国民间广为流传的《九九消寒图》，也称《九九图》。

《九九图》的形式多种多样，有九格消寒图、鱼形消寒图、泉纹消寒图、孩儿消寒图等多种。它们既是计算时间的日历，又是精美的装饰品。

因此，在冬至节时，中国民间还有贴绘《九九消寒图》的习俗。

“夏九九”

在我国古代还有“夏九九”一说。

“夏九九”是以夏至那一天为起点，每九天为一个九，每年九个九共八十一天。

“夏九九”与“冬九九”形成鲜明的对照，“夏九九”的八十一天中，包含了六个节气：夏至、小暑、大暑、立秋、处暑、白露，是从最热的夏天数到秋高气爽的时候。

和“冬九九”一样，古代《夏九九歌》，各地都有一些小差

大暑消夏图

异，主要是为了更适合当地的气候特征和当地方言的合辙押韵，便于诵读。

在数个夏九九歌版本中，比较能反映我国大部分地区气候特点的是在湖北省老河市一座禹王庙正厅的榆木大梁上的《夏至九九歌》：

夏至入头九，羽扇握在手；
二九一十八，脱冠着罗纱；
三九二十七，出门汗欲滴；
四九三十六，卷席露天宿；
五九四十五，炎秋似老虎；
六九五十四，乘凉进庙祠；
七九六十三，床头摸被单；
八九七十二，子夜寻棉被；
九九八十一，开柜拿棉衣。

“三伏”

“三伏天”的英语是Dog days，是一年中最热的时节，“热成狗”的酷暑期。

所谓三伏，就是初伏、中伏和末伏的统称。“伏”是潜伏的意思，指“伏邪”，可以简单理解为：天气太热了，宜伏不宜动。

“三伏”一般情况下是一个月，每天出现在阳历7月中旬到8月中旬。三伏的具体日期是由节气的日期和干支纪日的日期相配合来决定的。每年夏至以后第三个庚日（指干支纪日中带有“庚”字的日子）为初伏，第四个庚日为中伏，立秋后第一个庚日为末伏，合起来称为三伏。每伏10天，但有时中伏会有20天，那么这年的三伏就变成了40天。

“三伏”一般包含三个节气：小暑、大暑、立秋，有时会涉及处暑。

俗话说，“热在三伏、冷在三九”，指的就是一年中最热的时候就在数伏的第三伏的10天里，而最冷的时候则是数九天的第三个9天。

“入梅”和“出梅”

梅雨，是初夏季节长江中下游特有的天气气候现象。

“梅熟而雨曰梅雨”，梅雨还被称为“黄梅雨”。

初夏，江淮流域一带经常出现一段持续较长的阴沉多雨天气。此时，器物易霉，故亦称“霉雨”，简称“霉”；又值江南梅子黄熟之时，故亦称“梅雨”或“黄梅雨”。

中国历书上向有霉雨始、终日的记载：开始之日称为“入梅”，结束之日称为“出梅”。芒种后第一个丙日入梅，小暑后第一个未日出梅。入梅总在6月6–15日之间，出梅总在7月8–19日之间。中国东部有一个雨期较长、雨量比较集中的明显雨季，由大体上呈东西向的主要雨带南北位移所造成，是东亚大气环流在春夏之交季节转变期间的特有现象。6月中旬以后，雨带维持在江淮流域，就是梅雨。雨带停留的时间，被称为“梅雨季节”。连绵多雨的梅雨季过后，天气开始由太平洋副热带高压主导，正式进入炎热的夏季。

天空连日阴沉，降水连绵不断，这就是梅雨季节的主要特征。所以我国南方流行着这样的谚语:“雨打黄梅头,四十五日无日头。”

梅雨天过长对人们的生产和生活都不利,庄稼缺少光合作用会发生徒长,而人们生活在湿热阴沉的环境里,无论身体还是精神都会感到不适。

“倒春寒”和“秋老虎”

倒春寒

在一年四季中,气温、气流、气压等气象要素变化最无常的季节就是春季。经常是白天阳光和煦,让人有一种“暖风熏得游人醉”的感觉,早晚却寒气袭人,让人倍觉春寒料峭。这种使人难以适应的“善变”天气,就是通常所说的“倒春寒”。

通常,人们将进入3月作为春天的开始。

春季气候的最大的特点就是乍暖还寒:一是春季的气温日夜温差较大;二是春季冷空气活动频繁,天气变化较多。在气象学中,“倒春寒”最早来源于农业,主要指真正的春天,即气候学所说的侯(5天为一侯)平均气温超过10℃以后,由于受较强冷空气频繁袭击,气温下降较快,持续时间长达1—2个星期以上的那种前暖后冷,并造成大范围地区农作物受冻害的天气现象或天气过程。

秋老虎

秋老虎是中国民间指立秋(8月8日左右)以后短期回热天气。一般发生在八九月之交,持续日数约7-15天。这种天气出现的原因是南退后的副热带高压又再度控制江淮及附近地区,形成连日晴朗、日射强烈,重新出现暑热天气,人们感到炎热难受,故称“秋老虎”。

霜降枫叶

由于我国地域辽阔,“秋老虎”的表现略有所不同,如华南的秋老虎要比长江流域的来得迟,一般推迟2-4个节令。另外,每年秋老虎控制的时间有长有短,半个月至二个月不等;有时秋老虎来了去,去了又回头。“秋老虎”天气,虽然气温较高,但总的来说空气干燥,阳光充足,早晚不是很热,不至于热得喘不过气来。

世界上最早的古观象台

在我国,至今仍保存着好几座古天文台,是璀璨华夏古文明的重要见证。比如闻名世界的河南登封观象台,是“世界九大神秘古观象台”之一,属于世界级的天文古迹。另外还有洛阳灵台、北京古观象台等。然而值得一提的,还是发现于2003年的陶寺古观象台。

陶寺古观象台,一座距今4100多年的古观象台。

让我们想象一下:那时,人类还过着半开化的原始生活,采野果,猎野兽,披兽皮,盖麻片。住的是土洞茅屋,拿的是木棒石锤,追随一个叫尧的半神化首领过着半耕种、半采集的生活。

就是这样一群人,在当时的都城一侧,用土石建了一座庞大的天象“观测仪”。在观象台,先人们由西向东堆起13根夯土柱,每根土柱长90cm,宽70cm,上面竖起高5米的石柱,组成了一个扇形建筑群。石柱与石柱之间留有15至20厘米的缝隙,这些缝隙所对的方向,是正东方的塔尔山。

据《尚书·尧典》记载,尧帝不仅自己在这里“历象日月,敬授人时”,还下令派遣羲和、羲仲等人管理历法和授时,测定一年天数和四季,还命羲叔、和叔观测冬短夏长。可以想

陶寺古观象台

象，在这座古观象台，先人们是如何日复一日、年复一年地观测着日月星辰运转，以极大的耐心和热忱探索着神秘莫测的大自然规律。

从13根夯土石柱组成的12个狭缝里，先人们凝视着东方塔尔山。

当塔尔山日出的光影从第2条狭缝里出现时，这一天就是冬至，此时天气开始寒冷，万物凋零，天地变得一片肃穆；当阳光射进第12条狭缝中时，是夏至，身边万物正在蓬勃生长，气温升高，人们开始感到炎热。而第7个狭缝里的阳光，则是代表着春分或秋分的到来。12条狭缝，从西到东组成一个半圆，往复一轮正是一年的冷热交替、四季轮转。

如此庞大的土石堆成的"气象观测仪"，观测出来的却是相当准确的节气精度，这一点尤其令后人惊叹不已。

从世界文明史的角度看，起源于公元前2000年前的文明并非只有中华文明，但其他古文明早已衰败，唯有中华文明一脉绵延至今，成为一个文化奇迹。

陶寺古观象台，展现了我们祖先无与伦比的聪明才智，以及先人们探索自然规律的巨大热忱和执着。陶寺古观象台的发现，说明二十四节气早在唐尧时期就已具雏形。作为史前中国第一城的重要组成部分，其建成时间比著名的英国巨石阵观象台（公元前1680年）还要早500年，它无愧于“古观象台鼻祖”的尊称。

文史小知识

陶寺古观象台：是2003年中国考古人员在山西尧都陶寺遗址考古发掘中发现的，位于山西省襄汾县，距今约4700年。“观象台”遗迹的发现，证实了《尚书·尧典》上所说的“历象日月星辰，敬授人时”的历史背景与社会现实，是对中国远古时期天文历法研究重要的实物例证。

一份农耕文明的宝贵遗产

“立春一年端，种地早盘算。”

“七九八九雨水节，种田老汉不能歇。”

“惊蛰不耙地，就像蒸馍走了气。”

……

我国是一个传统农业大国，据考证，在黄河流域至少有6000年以上的农耕史。“民以食为天，国以农为本。”在这数千年的农耕社会中，无论是以《齐民要术》等古农书，还是广为流传的农谚俗语，都和二十四节气紧密相连。

从二十四节气的名称上，就可以看出古人对农业环境的关切，看出节气和农业的特殊关系。对农业生产来说，有两大因素最为重要：一是温度，二是水分。在二十四个节气名称里，以这两点来命名的也最多。并且，这些气节名称的背后，其实各自都有着深远的背景和蕴含，并非表面看来这么简单。

举例来说，在每年春季里有两个和降水量有关的节气：“雨水”和“谷雨”。事实上，在二十四节气的发源地——黄河流域，春天最容易缺水。这两个节气，除了标志了降水概率较高的两个时间段外，还表明了人们对春雨的祈盼。

到了夏季，雨季来临，农民对雨水则有了看起来很矛盾的态度。夏季有个“小满”节气，意思是到了这个节气，麦类等夏熟作物籽粒已开始饱满。“小满不满，麦有一险。”这句农谚说的是，此时正灌浆的小麦非常需要雨水，缺水则会带来将来的减产和麦粒干瘪。然而与此同时，还有一个农谚“小满，小满，固堤厚坝忙到晚”。提醒大家忙农活的同时，还要去加固堤坝，以防洪涝灾害。“小满”是个盼雨又怕雨的节气。

“不违农时”，自古以来一直被列为农业生产的首要大事。

农民如此，士大夫们也如此，统治者、封建帝王也崇尚依时而动，以证明其政权的正统性。所以二十四节气的民俗活动中，永远少不了一个“祈求丰收”的主题。

我国古时以“春为岁首”，立春是开年元日。这一天，不论地处南北，时临寒暑，举国上下都要举行隆重而庄严的“祭春”活动。在京城，皇帝和皇后要携领文武百官到先农坛举行“皇帝亲耕、皇后亲蚕”的仪式，以示国家重农爱民，祈求风调雨顺、国泰民安。在州府都邑也要举办各种春祭庙会活

祭祀春天庆典

动，布达朝廷旨喻，传播农桑新法。根据《周礼·地官司徒》的记载，当时专门设置了“司稼”的职官，负责巡视全国农田的庄稼，辨别出各种谷物的种类，了解它们的名称，以及所适宜种植的土地。每年都在春祭庙会时，农官司稼就把收集到的嘉种植株悬挂在都邑的城门上，让老百姓观摩效法。这样的春祭庙会类似于今天的农业推广会和良种展示会，对于发展农业生产具有很好的示范和宣传效果。

“种田无特例，全靠看节气。”

“春耕，夏耘，秋收，冬藏。”

古时中国人把一年生活定格于二十四节气的气候系统中。农民耕作、士子修身、君王理政，无一不在这一份时间表中找到依据和参考。在二十四节气不断细化和优化的过程中，先民们逐渐达到了农作物的精耕细作，推动了整个农耕时代的前进和发展。

19世纪时，一位英国农学家评价：“东方农民对土地的使用达到了艺术级别。”数千年的生产实践，古中国人积累了许多宝贵经验：农作物的套种、连茬，施肥循环，水利灌溉，以及适时休耕、土壤保护等，都为世界其他农耕民族所不及。

英国农学家惊讶地发现：在中国，一英亩土地可以养活比英国多六倍的人口！

无疑，这一切都和对时间的精细认知分不开，和二十四节气分不开。二十四节气以及和它紧密相联的农事指导，在数千年的历史发展中，创造了世界巅峰的农耕文化，以及璀璨夺目的古华夏文明。

二十四节气与黄河流域

二十四节气始于黄河流域，有着它的天时地利。也就是说，它和我国地理、气候条件有着密切的关系。

“春风春鸟，秋月秋蝉，夏云暑雨，冬月祁寒。”

中国有着分明的四季，这和我国的地理位置有关。拿欧洲和印度做参照：欧洲的气候，深受北大西洋暖流的控制，一旦北大西洋暖流变弱就进入寒冬。中东和印度，则受印度洋季风影响。而中国有着独特的地形，东部和南部傍海，西部是世界最高的青藏高原。夏天得季风影响，温度较高。冬天受北面西伯利亚冷空气影响则温度较低。在太平洋季风和西伯利亚寒流势均力敌点，最典型的就是我国的黄河流域。

黄河流域四季分明、气候温润的特点，使之更适合人类的生存，同时也生长着品种丰富的动植物。人们在这里开垦农田、组成村落，从游牧中稳定下来，开创了农耕时代。二十四节气的最后成形阶段，即古代中国从火耕文明向农耕文明的转变阶段。人们普遍认同一个观点：古代中国火耕文明的最后一本物候学著作为《吕氏春秋》。而农耕文明的第一本物候学著作为《淮南子》。由此可见，二十四节气对农耕文明以及古中国整个社会发展的重要性。

四季分明的黄河流域

“晓月山花启灵智，春风化雨沁人心。”

事实上，不仅是二十四节气，整个华夏文明，都可以在黄河流域找到这种气候的特质底蕴。比如古代中国文化的代表作品之一——《周易》，其“阴阳流转，物极必反，循环不失……”的核心思想，也是黄河流域季风造成的二元气候的忠实反应。

需要说明一点，在二十四节气最终形成完整系统的秦汉时期，春季里的四个节气排列顺序和今天是不同的。我们现在的是“雨水—惊蛰—春分—清明—谷雨”，而秦汉时期的排列次序为“惊蛰—雨水—谷雨—清明”。春季四个节气排列顺序的不同，说明了黄河流域气候的变化。在汉朝之前，还属暖相气候，汉代时已经变冷，所以有了节气顺序的调整。

总而言之，只有四季分明的地域才有农耕民族，只有农耕民族才有对气候、物候更加细化的需求。所以二十四节气首先是典型的地方性文化特色，是发源于我国黄河流域的一种节气、物候总结，是地理位置和气候条件共同作用的结果。作为农耕民族的非遗，二十四节气曾经担负着指导协调农事、指导农业生产的重要作用，并深刻影响了中国古代文化。

从黄河流域到华夏大地

中国大地幅员辽阔,从南到北依次跨越了热带、副热带以及中纬度温带地区,这就造成了一种非常复杂的气候现象:“十里不同景,百里不同天。”

比如立夏,福州以南已经烈日炎炎了,东北还刚刚进入春天。再比如霜降,黄河流域每年10月23日或24日,到北京一带下霜的日期就要提前了半个月左右,再往北到八达岭9月底就已经下霜,那么到了东北更早,9月中上旬就已下霜……从南到北,同一时刻的气候温差如此之大,农业生产所依据的却通常都是二十四节气。

这是如何做到的?

走南闯北的麦客们,最能体会其中的奥秘。每年小满节快到的时候,在黄河流域的某个省份地区,就会有一批年轻力壮的人带着一把镰刀离开家,成群结队地赶往南方,靠给人收割小麦而挣钱,旧时人们称之为“麦客”。

“麦到小满日夜黄。”最南方的麦田已黄,最北面的还一片绿。麦客割麦的方法就是“一步跨到顶头,一站站往回走”,先赶到最南边的割麦地区,然后由南往北,割完一片换一片,割完一站赶一站。他们就像一群候鸟一样,追逐着小满节气而赶路。整个小麦收割期,麦客们大概要由南往北割

夏至“麦客”收麦图

上一千多里，前后经历四十多天。

所以古人早已意识到一点：发源于黄河流域的二十四节气是有明显的地域特点的，其他地区在通用时就需要灵活掌握，生搬硬套是行不通的。明代《月令广义》中说：“自闵而浙，自浙而淮，则三候每差一旬。”现代气候学家们说，对于二十四节气，从北往南，每增加五个维度就朝后推一个节气。也就是说每500公里变一个节气，再500公里又换一个节气。

继续以小满为例。在麦客们所到的南方是“麦到小满日夜黄”，向北移动了一站，或许就是“小满三日望麦黄”“小满十日满地黄”，麦客们的“迁徙”路程差不多过半了。“小满，小满，还得半月二十天”，麦客们继续往北………

从古到今，正是这种根据地域不同的灵活掌握，才让二十四节气以黄河流域为发祥地，同时作为一种科学合理的农业生产经验被推广和普及到全国各地，为古代中国农耕文明以及汉民族文化的发展做出了贡献。

二十四节气在海外

二十四节气的创建是以我国黄河流域的气象条件和物候现象为依据的，由于节气文化对农耕文明及汉民族文化产生了巨大影响，后来又逐步传到了日本、朝鲜等与我国气候特征相近的国家，并被广泛应用。

二十四节气在日本

古代日本一直使用中国农历，遵循二十四节气作息，并随着中国中原朝廷改换历书，曾经先后使用《元嘉历》《麟德历》《大衍历》《五纪历》和《宣明历》。日本的二十四节气及七

日本人扔大豆驱赶"恶魔"、迎接立春

十二物候，除个别处的简单调整外，基本和我国相同。比如我国现在使用的惊蛰节气在日本被称作“启蛰”，立夏三候中的“王瓜生”在日本写做“竹笋生”。

在日本，人们同样将一年四季划分为二十四节气，并且用二十四种具有代表性的风物来作为代表，别有一番风雅特色。

日本风物目录：立春花道、雨水硝子、启蛰友禅、春分风吕敷、谷雨和伞、立夏竹工、小满蓝染、夏至香物、小暑扇子、大暑茶、立秋提灯、处暑荞面、白露有田、秋分锻刀、寒露清酒、霜降和纸、立冬暖具、小雪糖饴、大雪铁瓶、冬至钱汤、小寒漆器、大寒果子。

二十四节气在朝鲜、韩国

古代的朝鲜各王朝以农业生产为主，他们也按照我国的二十四节气来安排生产。

据史料记载，在朝鲜王朝初期，没有以朝鲜时间为基准

迎接立春

的《历书》，只能借用明朝的《历书》。每到秋天，朝鲜王朝就会将"冬至使节"派往明朝的京城，去领取第二年的《历书》。

在韩国首都首尔的景福宫思政殿前，有一个铸造精美的铜锅形测影日晷，人们称之为"仰釜日晷"。在日晷的圆形内部刻有十三条弧线，平沿上与弧线对应的正面铸有二十四节气的名称，在锅内铸有一枚晷针，太阳光照在上面针影会分别落在二十四节气的线上，以此测量全年的节气。

二十四节气在越南

越南的传统历法是大部分基于中国传统历法编写的阴阳历。在越南传统历法中，保留了大部分"二十四节气"，同时变更了某些节气的时间，更加适用于越南的实际情况。目前，越南官方使用阳历，民间仍有人在使用传统阴阳历，特别是农民，仍然遵循着节气来安排劳动作息。

越南人迎接立秋

第四章

有趣的二十四节气

“风俗者，天下之大事。”

二十四节气从指导生产到规范生活，进而演化成一个个节日习俗，衬托、点缀乃至改变着人们的生活。

这些习俗包罗万象、丰富多彩：有盛大典雅的皇家仪式、平头百姓的天伦之乐、全村老少的体重大评比、顽皮小子的碰蛋大比拼、闺中少女的迎送花神……

长年累月的劳作，在节气活动里得到心灵慰藉，使平淡的生活多一份变化，生活重新变得趣味盎然。

“十里不同风，百里不同俗。”

节气习俗同样存在着区域性特点，然而正是“不同”和“异类”，才让风土人情多了更多趣味。

东郊迎春

——最普天同庆的立春习俗

立春,作为二十四节气的第一个节气,从古代起就受到了人们的重视。

对中国人来说,春不但可以"迎""拜""打",还可以"咬""煨""戴"……在这么活灵活现的众多立春习俗里,最古老、最盛大的当属"迎"——东郊迎春。

这是一场盛大的皇家盛典,距今已有三千多年的历史。

据文献记载,周代时,在立春的前三天,天子就要开始斋戒并布置当日祭祀事宜。立春这一天,天子首先沐浴更衣,换上青色衣服,佩戴青色玉饰,随从、宫女皆着青色服饰。宫门外三公九卿等列队等候,同样身着青色服装和配饰。随后,天子骑青龙马、配青色依仗,率领文武百官出宫门,到东方八里之郊进行祭祀大典。

东郊迎春,迎的是句芒神。

到祭坛后,天子在随从的配合下修整祭坛,清扫神位,同时献上祭品。然后天子主祭,向春神句芒祈求这一年的风调雨顺、国泰民安。

祭祀完成后,天子回宫,在青阳宫左侧室上朝再次召见

旧时民间习俗打春牛

群臣，开始发布春季的政令。春季是个万物生发的季节，万物复苏，充满生机和希望。所以立春日这天天子的政令，以“布施德泽恩惠”为主题，施行庆喜的奖赏，减轻徭役和赋税。

这种迎春的仪式，从朝廷到民间，逐渐普及，后来成了世代相传的迎春习俗。

对于古人来说，春夏秋冬皆为天意，各有司管之灵。所以，在中国古代不仅有“东郊迎春”，还有“南郊迎夏”“西郊迎秋”和“北郊迎冬”。

在“东郊迎春”中，还有一个备受瞩目的项目——“打春牛”，又称“鞭春”或“打春”。

“打春牛”的民俗盛行于各地，其仪式由各府县执行。在立春日前一天，先把用泥土塑造的土牛放在县城东门外，其旁要立一个携带农具挥鞭的假人作“耕夫”，以示春令已到

旧时村民打春牛祈福

来,农事宜提前准备。立春日当天,官府要奉上供品于芒神、土牛前,于正午时举行隆重的“打牛”仪式。吏民击鼓,官员执红绿鞭或柳枝鞭打土牛三下,然后交给下属及农民轮流鞭打。打春牛头象征吉祥,打春牛腰象征五谷丰登,打春牛尾象征四季平安。无论鞭打春牛的哪个位置,都象征着驱寒和春耕的开始,把土牛打得越碎越好,随后人们要抢土牛的土块,带回家放入牲圈,象征兴旺。

制作春牛时很有讲究,春牛的牛身长三尺六寸五,象征一年365天;牛尾长一尺二寸,象征一年12个月;四蹄象征四季;柳条象征春天;同时柳条鞭子长二尺四寸,代表24个节气。

有的地区打春牛时,还会唱吉祥曲,鞭牛三下。第一鞭时唱“一鞭风调雨顺”。打第二鞭时唱“二鞭国泰民安”。第三鞭唱“天子万年春”。“打春牛”的意义,一是打去春牛的惰性，二是告诉大家春耕开始了。

除了“东郊迎春”和“打春牛”之外，立春这天还演化出许多围绕着“春”字的民俗活动，比如“咬春”，又称“啃春”。此外还有 “戴春花”“抢春胜”“说春”“演春”等等。

文史小知识

立春节和春节有什么关系：在古代，民间在立春这天过节，称之为“立春节”，相当于今天的春节，而农历初一则称为“元旦”。

到1911年辛亥革命成功，孙中山推翻了清朝统治，建立了中华民国。就任临时大总统的孙中山，发布了第一条政令，就是全国改用公历，把农历的正月初一叫做“春节”，把公历的1月1日叫做“新年”，或称“元旦”。

所以，立春节事实上是古时候的春节。

撞拜寄和接寿

——最有人情味的雨水节习俗

“撞拜寄”

“拜寄”，在北方称之为认干亲、打干亲；在南方多称之认寄父、认寄母，总而言之就是给孩子认干爸干妈的意思。“拜寄”没什么稀奇的，然而一个“撞”字让这个习俗变得有趣多了。

在广大的客家地区，“拜寄”习俗最为浓厚。其中，当属在四川西部成都地区的雨水节“撞拜寄”最富有想象力和人情味，最具戏剧化和趣味性。

在雨水节这天，天色还黑蒙蒙的时候，家有幼儿的母亲们就早早地起床了。自己洗漱完毕，然后摇醒熟睡中的孩子，为其穿戴停当。按照规矩，在这个过程中，一不可见亮（不能点灯），二不可开口说话。这让“撞拜祭”还没正式开始之前，就有了一种神秘的色彩。

天将亮未亮之前，妈妈和孩子们已经出门，站到了自己选定的某条路边。然后就是静静等待，在这个过程中也不可随意开口说话，直到某个神秘人物的到来。一言不发，眼睛

旧时撞拜寄习俗

望向路的尽头。

他们在等谁？神秘人物是谁？是第一个从他们面前经过的人。

这个不知年龄、性别、身份的来人，在雨水节这天被赋予了极大的神秘感。

等啊，等啊，在路的另一头出现了一个模糊的身影，那个人刚走到跟前，母亲就一把拉过孩子，按在地上对着来人跪拜，做了对方的干儿子或干女儿。

既然是撞，那么来人的身份就充满了各种可能：一位德高望重的长者、一个早起捡粪的流浪汉，或者一位未出阁的姑娘、一个还流着鼻涕穿着开裆裤的顽皮小子……

无论"撞"到的是谁，都必须要拜，不可更改。

小孩子除了拜寄给人,还有拜寄给自然之物的。雨水节这天,在某些客家地区,随处可见古树旁、水井边、庙前、石下有刚刚烧完的纸钱,还有一些未燃尽的蜡烛以及炮竹纸屑,这就是它们的干儿子、干女儿来送过礼了。除此之外,还有些父母选择动物做拜寄对象,鹰豹虎狼、猪狗牛马等等,也都各自有了自己的人类"干儿子""干女儿"。这种被孩子拜为干父母的动物,即使老了也不能杀,要以礼相待并要为其养老送终。

"接寿"

"东风解冻,散而为雨。"雨水节是个很有人情味的节气。除了幼小的孩子拜"干父母",结成一条非血缘的亲情纽带,还是女婿拜望岳父岳母的日子。

在四川有"接寿"的习俗,就是在雨水节,女婿要和妻子去给岳父岳母大人送节。送节的礼品通常是一丈二尺长的红棉带,寓意对岳父岳母"寿缘"绵长、长命百岁的殷切祝福。

此外,还有另一种雨水节礼品"罐罐肉"。罐罐肉是用砂锅炖了猪脚,配以大豆、海带,然后用红纸、红绳封了罐口,由小夫妻恭恭敬敬送至岳父母家中,以此来表达对岳父岳母把女儿辛苦养育成人的感激和敬意。

如果是新婚女婿,岳父岳母还要回赠一把雨伞。雨伞的寓意有二,一是希望女婿在外奔波时能遮风挡雨,二是祝愿女婿人生旅程顺利平安。

春秋二祭

——流传最久的皇家春分、秋分祭祀大典

春分祭日

春分祭日的习俗，最早从周代就开始了。《礼记》说："祭日于坛。"清人潘荣陛在《帝京岁时纪胜》中说："春分祭日，秋分祭月，乃国之大典，士民不得擅祀。"

古代帝王的祭日场所大多设在京郊。北京在元朝时就建有日坛，北京现存的日坛建于明嘉靖九年（公元1530年）。它被正方形的外墙围护，每次祭祀之前皇帝要来到北坛门内的具服殿休息，然后更衣到朝日坛行祭礼。朝日坛在整个建筑的南部，坐东朝西，这是因为太阳从东方升起，人要

北京日坛公园

旧时祭日仪式

站在西方向东方行礼的缘故。坛为圆形，坛台1层，直径33.3米，周围砌有矮形围墙，东南北各有棂星门1座。西边为正门，有3座棂星门，以示区别。墙内正中用白石砌成一座方台，叫做拜神坛，高1.89米，周长64米。明朝建成时，坛面用红色琉璃砖砌成，以象征大明神太阳。

古时，春分祭日虽然比不上祭天与祭地典礼，但仪式也颇为隆重。明代皇帝祭日时，用奠玉帛、礼三献、乐七奏、舞八佾、行三跪九拜大礼。清代皇帝祭日礼仪有：迎神、奠玉帛、初献、亚鲜、终献、答福胙、车馔、送神、送燎等九项议程，也很隆重。

和“春分祭日”相呼应的，是“秋分祭月”。

秋分祭月

秋分，曾是古代的“祭月节”。

我国各地至今遗存许多名为“拜月坛”“拜月亭”“望月楼”的古迹。民间的祭月习俗因地区不同仪式各异。北京的“月坛”就是明嘉靖年间为皇家祭月修造的。《北京岁华记》记载北

旧时祭月仪式

京祭月的习俗说:“中秋夜,人家各置月宫符象,符上兔如人立;陈瓜果于庭;饼面绘月宫蟾兔;男女肃拜烧香,旦而焚之。”

杭州祭月风俗略同于北京,但谓祭月为“斋月宫”。“每户瓶兰、香烛、望空顶礼,小儿女膜拜月下,嬉戏灯前,谓之‘斋月宫’。”民间供小财神,大不盈尺,并设有台阁、几案、盘匜、衣冠、乐器等物,此等物均缩小为寸余,俗称“小摆设”。

在广东祭月时祭拜一位木雕的凤冠霞帔月亮神像。在南方部分地区有以芋头作供品的习俗。传说元末农民起义推翻元朝的统治,曾用元朝统治者的头祭月亮,因“元”与“芋”音近,后来人们以“芋”代头。

文史小知识

秋分祭月和中秋节的关系:

据考证,最初“祭月节”是定在“秋分”这一天,秋分虽在农历八月,每年日子却不固定,由于这一天在农历八月里的日子每年不同,秋分当天,天上挂的,并不一定都是满月。而月亮不满,赏月就不能尽兴,“祭月”之仪,也就无从谈起,祭月无月大煞风景。

所以,后来,先人们就将“祭月节”由“秋分”调至农历八月十五中秋这一日。月坛迎来了数百次隆重的皇家祭祀大典,那个与月有关的秋分被人淡忘,中秋逐渐取而代之。所以,“秋分祭月”就是古代的中秋节。而我们现在的中秋节,是“改进版”的祭月节。

寒食禁火

——最感人的清明节习俗典故

在二十四节气中，清明可以说是全年的一个大节日。对中国人来说，清明是一个沿袭数千年的重要节日，对民族生活有着巨大的影响力。

节气到了清明，正是万物欣欣向荣，一派生机盎然的大好春光，在这种天气中，从古到今产生了各种各样的习俗。延续至今的也有不少，其中以扫墓、祭祖，最为普及也最具代表性。

你知道吗？

清明节寒食禁火以及扫墓祭祖的习俗，事实上是来自古时的另一个节日——“寒食节”。

关于寒食节的由来，有一段非常感人的历史传说。

寒食节的故事

春秋战国时代，晋国（今山西省）国君晋献公有五个儿子，晋献公的后夫人俪姬为了让自己的儿子夷吾当太子，阴谋害死了太子申生。为了躲避继母的迫害，公子重耳逃到了国外。在重耳身边有位贤臣叫介子推，不畏艰辛一路追随。

古时割股充饥典故

在流亡生活中一直忠心耿耿地辅佐和保护公子重耳，可谓尽了犬马之劳。

流亡最艰难的时候，还发生了一件“割股充饥”的故事。

流亡生活无比落魄，重耳等人经常食不果腹、衣不蔽体。有一年逃到卫国，一个随从偷光了重耳的资粮，逃入深山。重耳无粮，饥饿难忍。向田夫乞讨，不但没要来饭，反被农夫们用土块当成饭戏谑了一番。空腹数日，重耳几乎饿死他乡，为了让重耳活命，介子推到山沟里，把腿上的肉割了一块，与采摘来的野菜同煮成汤给重耳。当重耳吃后知道是介子推腿上的肉时，当即大受感动，声称有朝一日做了君王，要好好报答介子推。

君臣数人流亡十九年后，重耳在众人的扶持下最终回到晋国。做了晋文公的公子重耳，开始对这些年追随自己的人论功行赏，却偏偏忘记了介子推。介子推对封赏一事倒不介意，只是看到许多人借此邀功甚至连并未追随晋文公逃亡的人也纷纷请赏。这让介子推非常看不惯，于是退隐绵山，做了一名不食君禄的隐士。

有人为介子推的境遇不平，后来写了一首诗挂到了城门之上，诗中写道："有龙于飞，周遍天下。五蛇从之，为之丞辅。龙反其乡，得其处所。四蛇从之，得其露雨。一蛇羞之，死于中野。"

晋文公看到这首诗后，连忙派人召介子推受封。此时的介子推已隐入绵山，晋文公又带人马前往绵山寻访。谁知那绵山蜿蜒数十里，重峦叠嶂，谷深林密，竟无法可寻。晋文公求人心切，听小人之言，下令三面烧山，以为这样介子推就会下山。没料到大火烧了三天，也不见介子推的影子。

火熄之后，晋文公又命人寻找。最后在一棵枯柳树下，找到了介子推母子的尸骨。见此情形，晋文公十分悲痛，把介子推安葬后，取了一段烧焦的柳木带回宫中，做成了一双木屐，每天望着它叹息："悲哉足下。"据说，这就是"足下"称呼的来源。

介子推死的时候，正值清明节的前一天。在此之后，每年这一天人们不生火做饭，只吃凉食，并且在房前屋后插柳以示怀念。这就是寒食节的由来。

后来到了唐朝，寒食节又与清明节合并，寒食禁火、扫墓祭奠的习俗也就成了清明节的内容。

清明的其他习俗

我们今日的清明节，事实上是由古代的三个相邻的节日合并而成，分别为：上巳节（俗称三月三），寒食节和清明节。

三月三，是个“春嬉”的日子，本身就有清洁自身、春游踏青，同时还是中国的“女儿节”以及“情人节”，本来就是个有着诸多精彩活动的春天大狂欢。

寒食节，禁火，扫墓。

清明，是个农耕生产的重要节气。

所以清明节的习俗也是非常丰富多彩的。

荡秋千

荡秋千这是我国古代清明节习俗。秋千，意即揪着皮绳

荡秋千

而迁移。它的历史很古老,最早叫千秋,后为了避忌讳,改为秋千。古时的秋千多用树枝桠为架,再拴上彩带做成。后来逐步发展为用两根绳索加上踏板的秋千。

蹴鞠

蹴鞠是一种皮球,球皮用皮革做成,球内用毛塞紧。蹴鞠,就是用足去踢球。这是古代清明节时人们喜爱的一种游戏。相传是黄帝发明的,最初目的是用来训练武士。

踏青

又叫春游。古时叫探春、寻春等。三月清明,春回大地,自然界到处呈现一派生机勃勃的景象,正是郊游的大好时光。我国民间长期保持着清明踏青的习惯。

放风筝

放风筝,也是清明时节人们所喜爱的活动。每逢清明时节,人们不仅白天放,夜间也放。夜里在风筝下或拉线上挂上一串串彩色的小灯笼,像闪烁的明星,被称为“神灯”。

植树

清明前后,春阳照临,春雨飞洒,种植树苗成活率高,成长快。因此,自古以来,我国就有清明植树的习惯。

此外还有射柳、斗鸡、蚕花会、拔河等各地不同的清明习俗。

谷子雨

——最具上古神话色彩的谷雨节由来

在二十四节气里，谷雨是个尤其贴近大地、贴近黎民百姓的节气，是唯一将物候、时令与农事紧密对应的一个节气。谷雨节和勤劳有关，和胸怀天下有关，和人间大善有关。

这一点特质，尤其在雨水节由来典故里得到充分体现。

谷雨节的传说

故事发生在神秘的远古，那个人和神还共存于大地的时代。

开天辟地之后，人类过了几十万年没有文字的日子，到了黄帝时代，出了一位叫仓颉的能人。仓颉立誓要使人间摆脱没有文字的困境，于是辞官外出，遍访九州，参悟天地自然奥秘，最后回到家乡独自住在一个山沟里，每日冥思苦想造字。

春夏秋冬轮换了三次后，仓颉造出了一篓谷粒那么多的字。

天上的玉帝听说了这件事，非常感动，决定奖赏仓颉。

一天夜里，熟睡中的仓颉模模糊糊听到有个声音说："仓颉，仓颉，速来领取奖赏。"仓颉睁开眼睛，只见满屋明光耀眼。仓颉赶紧坐了起来，四下查看，后来在屋中央的桌儿上看到一个金光灿灿的金人。仓颉正纳闷：此物从何而来？正在这时，外面传来了阵阵鸡叫，联系到了刚才的梦，仓颉明白了这是天上神仙送给自己的奖品。看着小金人，仓颉觉得自己只是做了应该做的事，并不愿接受这样的奖赏，于是就朝空拜了三拜，谢过了神灵的恩赐，第二天，把金人送到了黄帝宫中。

黄帝问仓颉金人的来历，仓颉回答说是自己捡的，并说这是天下之物，理应为天下人共同拥有。

仓颉回去后，当天梦里又听到同一个声音喊他："仓颉，仓颉，玉帝赏你金人你不要，那你究竟想要什么？"仓颉答说："我想要所有的粮仓都装满稻谷，让天下百姓都有饭吃。"那个声音说："好，我就去向玉帝禀报。"

第二天，天气晴朗，万里无云，是个非常和煦的晴天。就在仓颉刚要出门的时候，天上突然落起了谷粒。只见那漫天的谷粒下得比雨点还密，前后足足下了半个多时辰，地上积了一尺多厚。仓颉和乡亲们又惊又喜，一起来到村子外查看，只见那些谷粒铺遍了整个村落，铺满了山川平地。正值青黄不接为粮食发愁的乡民们，赶紧拿起工具，往家里装着

天上落下"谷子雨"

这些天赐的粮食。

仓颉想起梦里的对话，知道这是玉帝对自己的奖赏，连忙和乡亲们一起跪下来对着空中拜谢。

黄帝听了这件事的来龙去脉，非常感动，于是把下谷子雨的这一天定位一个节日，叫谷雨节，还命令天下的人每年到了这一天都要欢歌狂舞，一来感谢上天恩泽，二来纪念仓颉的造字之功以及他心系天下的胸怀。

从此，谷雨节便一直延续下来了。

谷雨节主要习俗

走谷雨

古时有"走谷雨"的风俗。

在谷雨这天，乡间年轻的姑娘和媳妇们，都要到野外走一圈回来。或者到野外散步，或者走村串亲，寓意与自然相融合，强身健体，意图走出一个五谷丰登、六畜兴旺的好年成。

祭海神

早在春秋时期，人们就将此日的河水称为桃花水，以其洗浴，可避凶免祸。

禁蝎咒符

旧时，山西临汾一带谷雨日画张天师符贴在门上，名曰"禁蝎"。陕西风翔一带的禁蝎咒符，以木刻印制，其上印有："谷雨三月中，蝎子逞威风。神鸡叼一嘴，毒虫化为水……"

画面中央雄鸡衔虫，爪下还有一只大蝎子。雄鸡治蝎的说法早在民间流传。

“禁蝎”的民俗，反应了当时人们驱除害虫及渴望丰收平安的心情。

赏牡丹花

谷雨前后也是牡丹花开的重要时段，因此，牡丹花也被称为谷雨花、富贵花。“谷雨三朝看牡丹。”谷雨时节赏牡丹已绵延千年。

赏牡丹图

秤人和斗蛋

——最活泼有趣的立夏习俗

立夏，在天文学上表示春天结束了，夏天开始了。《月令七十二候集解》中说："立，建始也，夏，假也，物至此时皆假大也。"这里的"假"，即"大"的意思，是说春天播种的植物已经直立长大了。

秤人

对中国人来说，立夏是三阳开泰的日子。在古代，立夏有盛大的迎夏仪式。同时，立夏还是天子开始赐冰于诸臣的第一天。然而在立夏这天，参与人数最多，欢声笑语最响亮的还是来自民间的一个传统习俗——秤人。

在我国南方，吃完立夏饭，人们便在村口挂起一杆大木秤，秤钩悬一根凳子，大家轮流坐到凳子上面秤人。"秤人"时有个专门的司秤人，司秤人一边打秤花，一边讲着吉祥话。

如果正在秤的是老人，司秤人就会说："秤花八十七，活到九十一。"如果秤的是姑娘，司秤人会说："一百零五斤，员外人家找上门。勿肯勿肯偏勿肯，状元公子有缘分。"如果是小孩，则说："秤花一打二十三，小官人长大会出山。七品县官勿犯难，三公九卿也好攀。"

司秤人秤人的时候，还有一条规矩：打秤花只能里打出(即从小数打到大数)，不能外打里，以示被秤人的越来越平安健康。

旧时立夏秤人

“秤人”这一习俗的由来，民间传说有不同的版本，但都和一个有名的历史人物有关，那就是刘备的儿子——阿斗。

故事里说，当年刘备死后，诸葛亮派赵子龙把阿斗送往江东，托付给孙夫人抚养。赵子龙送阿斗到孙夫人娘家的时候，正是立夏。这天，孙夫人当着赵子龙的面给阿斗秤了体重，让赵子龙回去报告给诸葛亮。同时约定，来年立夏还会再秤一次，来查看阿斗是否增加了体重。

就这样，每年立夏的秤重渐渐成了民间风俗。

第二个故事的主角依然是阿斗。

话说当年诸葛亮七擒孟获，以德服人，孟获是心服口服，对诸葛亮言听计从。

诸葛亮临终前，嘱托孟获每年要看望蜀主一次。因嘱托之日，正好是立夏，孟获当即去拜阿斗。从此每年立夏日，孟获都依诺来蜀拜望。晋武帝灭蜀掳走阿斗后，孟获依然每年立夏带兵去洛阳看望阿斗，并秤阿斗的重量，以验证阿斗是否被晋武帝亏待。他扬言如果亏待阿斗，就要起兵反晋。晋武帝为了迁就孟获，也就不敢欺侮阿斗。这样，阿斗的日子得以过得清静安乐。

“立夏秤人轻重数，秤悬梁上笑喧闺。”这句诗描述了古时立夏秤人的欢乐场景。人们围着秤互相秤量，品肥论瘦、嘻哈打趣一片，成了一个迎接夏天的欢乐大聚会。

斗蛋

“立夏吃了蛋，热天不疰夏。”“吃了立夏蛋，力气大一万。”

除“迎夏”和“秤人”外，立夏还有一个活泼的“吃蛋”“斗蛋”的习俗。

从立夏这天气，天气逐渐变得炎热起来，许多人尤其是小孩子会有身体疲劳、四肢无力的感觉，食欲减退逐渐消瘦，称之为“疰夏”。后来女娲娘娘告诉百姓，每年立夏这一天，小孩子胸上

斗蛋

挂上鸡蛋、鸭蛋、鹅蛋，可避免疰夏。

除了吃蛋外，立夏这天的斗蛋游戏更受小孩子的欢迎。

斗蛋，就是三五成群，拿鸡蛋互碰，谁的鸡蛋壳破掉就是谁输。一轮轮碰下来，直到分出最后的赢家，称蛋大王。

立夏吃蛋的习俗，还是一种传统小吃的由来——茶叶蛋。

立夏一般在农历四月，“四月鸡蛋贱如菜”，人们把吃剩的鸡蛋放入茶叶水中继续烧煮，就成了茶叶蛋。后来人们又改进煮烧方法，在茶叶水中添加了茴香、桂皮、姜末等，就成了一锅香喷喷的茶叶蛋。从此，茶叶蛋不再是立夏的节候食品，还成为了我国遍布大江南北的传统小吃之一。

文史小知识

中华民族和“夏”的关系：春夏秋冬四季，和中国人关系最紧密的却是夏。

在古代中国人看来，首先夏是一个方位：夏，本来的意思是“面向南方”。

春秋时代的古人说：“夏，大也，故大国曰夏。”后来，又说：“夏，中国之人也。”

然后夏逐渐演化成古中国的称谓。“中国有礼仪之大，故称夏；有服章之美，故称华。”这就是“华夏”名称的由来，以及它的涵义。

送花神

——最文艺浪漫的芒种节习俗

“春争日,夏争时。”芒种,也被称为“忙着种”,是夏收和夏种的农忙节气。“芒”,是指麦类等有芒植物的收获。“种”,是指谷黍类作物播种的节令。《月令七十二候集解》中:“五月节,谓有芒之种谷可稼种矣。”正是人们常说的“三夏”大忙季节。

送花神

芒种过后便是夏日,百花开始凋零,所以在古代中国有一个为百花饯行的习俗。

这也是一个已经消失的古习俗。古人送花神的情景,我们只能通过书本记述来想象了。在我国四大名著《红楼梦》的第二十七回“滴翠亭杨妃戏彩蝶,埋香冢飞燕泣残红”中有精彩的描述:

“至次日乃四月二十六日,原来这日未时交芒种节。尚古风俗:凡交芒种节这日,都要摆设各种礼物,祭饯花神,言芒种一过,便是夏日了,众花皆卸,花神退位,须要饯行。然闺中更兴这件风俗,所以大观园中之人都早起来了。”

“那些女孩子们,或用花瓣柳枝编成轿马的,或用绫锦纱罗叠成千旄旌幢的,都用彩线系了。每一棵树上,每一枝花

夏至节气赏蜀葵

立秋节气赏美人蕉

上，都系了这些物事。满园里绣带飘飘，花枝招展，更兼这些人打扮得桃羞杏让，燕妒莺惭，一时也道不尽。”

若换作现代文，这段应该是这样的：

第二天是四月二十六日，这天正是芒种节。芒种节有个从古代传下来的风俗：在芒种这一天，需要摆设各种祭品礼物，为花神送行，同时表示对花神的感激之情。因为芒种一过，就是夏天了，各种各样的花儿都要凋谢枯萎，花神也就此退位，需要为其饯行。这种为花神饯行的风俗，在女孩儿们之间更流行，所以在这一天，大观园的人都早早起来了。

只见那些女孩们，有的用柳枝、花瓣编成小轿、马车的，有用绫锦纱罗叠成各式各样的彩旗华盖的，这些东西做好后，又用彩线系好。大观园里花多树多女孩儿也多。每一棵树，每一枝花，都有女孩儿关顾，都被系上了这类小巧玲珑、五彩缤纷的物件儿。满园的各色绣带随风飘舞，满园的花朵姹紫嫣红，再加上在此间穿行的女孩儿们，个个打扮得花容月貌，一点也不比这满园春色逊色。眼前的这片情景，真是美极了，热闹极了，也好看极了。

芒种节气的其他习俗

芒种是农历二十四节气中的第九个节气，夏季的第三个节气，表示仲夏时节的正式开始。芒种字面的意思是“有芒的麦子快收，有芒的稻子可种”。此时中国长江中下游地区将进入多雨的黄梅时节，各地也有不少习俗。

打泥巴仗

贵州省黔东南自治州黎平县一带的侗族，在每年的芒种前后，也就是分栽秧苗的时节，都会过一个青年男女欢乐嬉闹的“打泥巴仗”节日。

在侗族有一个传统习惯，就是婚后，姑娘一般先不住在男方家里，只有农忙和节庆时，才由同伴陪同来到夫家小住几天。这时候，男方家里会把秧田整好，安排好分栽秧苗的日子后，就要邀集一些青年前来帮忙，并由新郎的姐妹去迎接新娘回来共同插秧。而新娘也要邀集一些女伴同来。节日那天，新婚夫妇和大家一起来到田间插秧，插秧的时候男女青年之间相互竞争，比谁动作快，场面非常热闹。秧苗插完后，小伙子们会故意挑衅，借故向姑娘们身上甩泥巴。姑娘们当然也不示弱，会共同发起反击，双方都抓起田里的泥巴互相投掷，如果数人一起将对方抓住，就要将她（他）按倒在水田中翻滚，使其沾一身烂泥，狼狈不堪。

新郎的父母会站在田边观看，而不参与其中。往往身上泥巴最多的，就是受对方青睐的人。

安苗

芒种安苗是安徽绩溪的农事习俗。

相传“安苗”起源于唐末宋初，清道光末年起逐渐兴盛。据史料记载，农历六月初六是天公天母寿辰，是日在田头地角鸣锣、烧纸、插小红旗。伏岭、北村、胡家、锄头一带各村于

芒种插秧正当时

芒种后第一个“龙虎日”请僧侣做斋，然后撑旗打鼓，抬着太尉老爷巡游田阪，祈求风调雨顺，五谷丰登，故谓“安苗”。

每到芒种时节，种完水稻，为祈求秋天有个好收成，各地都要举行安苗祭祀活动。家家户户用新麦面蒸发包，把面捏成五谷六畜、瓜果蔬菜等形状，然后用蔬菜汁染上颜色，作为祭祀供品，祈求五谷丰登、村民平安。

煮梅

芒种也是梅子成熟的时节，三国时有“青梅煮酒论英雄”的典故，事实上芒种煮梅的习俗早在夏朝就已经有了。

青梅含有多种天然优质有机酸和丰富的矿物质，具有净血、整肠、降血脂、消除疲劳、美容、调节酸碱平衡、增强人体免疫力等独特营养保健功能。

竖 蛋

——最“淡定”的秋分节习俗

春分和秋分，是二十四节气中比较特殊的两个节气。

首先，这两个节气是二十四节气中被最早发现和使用的节气之一，“两分两至”在尧舜时代就被古人发现，并因此为依据分了四季。

这第一个特性，让古代的统治者有了两大祭祀盛典——春分祭日和秋分祭月。

第二，这是全年中昼夜平分的两个节气。什么是昼夜平分呢？昼夜平分点是赤道和黄道在天球上的交点，两点正好相对，春分是黄经0度，秋分是黄经180度。也就是说，在春分和秋分这天，地球上各地的白天和夜晚是一样长的，各有12个小时。

秋分和春分的第二个特性，又让它们有了一个很有趣的民间习俗：竖蛋。

“竖蛋”这一中国习俗，早已成“世界游戏”，在每年特定的某一天，世界各地都会有人在做“竖蛋”试验。而“竖蛋”作为一种风俗，在它的发源地中国已经有了4000多年的历史。

“竖蛋”的玩法看起来很简单。

选一个新鲜鸡蛋，轻手轻脚地把它在桌子上竖起来。这

旧时春分竖蛋

是一个考验观察力、专注力或手的精确度的民间游戏。鸡蛋摇摇晃晃，竖蛋的人屏息静气，紧张而专注地观察着这只鸡蛋的“一举一动”。

竖起来的是赢家，代表着一年的好运。竖不起来的只好被人笑话是“笨蛋”。不甘心地再次努力。“竖蛋”游戏一个人能玩，许多人一起更好玩。当桌子上竖起的鸡蛋越来越多时，场面就变得相当有趣。

据说，要想竖蛋成功是有窍门的。比如，找到蛋壳表面的可构成“三角形”的三个“点”，并使鸡蛋的重心线通过三角形，那么鸡蛋就能竖起来了。再比如，选鸡蛋时最好选择生下四五天的，因为此时的鸡蛋蛋黄下沉，鸡蛋重心下降，也有利于竖蛋成功。

有人说："春分到，蛋儿俏。"竖蛋习俗是古人用来庆祝春天的到来的，是春分的习俗。

也有人说："秋分到，蛋儿俏。"竖蛋是古人迎接秋天到来的游戏，是秋分习俗。

各自有理，争执不休。

事实上，从"平衡"这一特性来说，把竖蛋作为春分和秋分两个节气共有的习俗，也未尝不可。

冬至习俗

——中国的感恩节

“冬至大如年。”

在古代，冬至节是全年的一个大节气，也是一个重要的节日。它还有“长至节”“履长节”“贺冬节”“亚节”等称谓，是一个内容丰富、十分热闹的传统节气。在冬至这一天，人们祭天、祭祖、祭孔、拜师、拜圣、一家团聚探视老人，可以说充满了浓浓的人情味。从这个角度看，它可以说是中国的“感恩节”。

其中，最隆重盛大的就是冬至节的祭天仪式。

至日祭天

在古代，祭祀是一项严肃而不可或缺的仪式。古代帝王亲子参加的重要祭祀有三项：天地，社稷，宗庙。其中最隆重的就是祭天。由于祭天的仪式都实在郊外进行，所以也被称为“郊祭”。帝王祭天一般在圜丘上举行，那是一座圆形的祭坛。古人认为天圆地方，“圆”正是天的形象。

祭祀之前，天子与百官都要斋戒并省视献神的牺牲和祭器。祭祀之日，天子率百官一大早就赶到了郊外。天子身穿

模拟古时祭天

大裘，内着衮服，立于祭坛东南侧。这时鼓乐齐鸣，报知天帝降临享祭。接着天子牵着献给天帝的牺牲，把它宰杀。这些牺牲和玉璧、丝帛等祭品被放在柴垛上，由天子点燃。一时间烟火直冲云霄，这也是为了使天帝看到火光、闻到气味，方便享用祭祀。

与此同时，天子率群臣跪拜上苍，祈求全年的风调雨顺。

汉代以后，在冬至前后，从皇帝到百官都会停止办公，全体休假来庆祝这个节日，唐宋时还官方规定放假7天，这也从另一方面说明了冬至的重要性。

和冬至日祭天相对的，是夏至日的古代祭地仪式。

祭地是在地坛。后来，随着社会的发展，民间也开始祭地活动。汉族民间多在土地庙、田间等进行。祭祀贡品以面食为主，一来表示对今年丰收的感谢，二来祈求来年消灾解难、再获丰收。

不过，无论皇家祭祀天地还是民间的祭祀活动，现在都已基本消失。

拜圣寿

我国古时冬至日还有祭孔和拜师的习俗。

《新河县志》记载，冬至日要“拜圣寿”，同时，私塾弟子还要以大礼叩拜自己的授业恩师。文人书生的这一行动，称之为“拜圣寿”，也叫“拜冬余”。

除了拜师外，祭拜至圣先师孔子也是冬至日的一项重要活动。祭拜孔圣人时，有的正堂悬挂孔子画像，像下写一行字：“大成至圣先师孔子像。”有的是设木主牌位，木牌上写有“大成至圣文宣王之位”。

有的地区，在冬至祭孔时还会“拜烧字纸”。古时的民间，尤其在士子文人阶层非常爱惜字纸，不可以乱用带字的纸擦东西，认为这是对圣贤先师的亵渎不恭。所以平时把带字的废纸收集起来，在祭孔时一起烧掉。

荐袜履

我国古代在冬至日还有给老人送鞋袜的习俗。

在冬至来临前，各家各户的媳妇们都开始做鞋面、纳鞋底，为冬至节的一个习俗做准备。到冬至节这天，媳妇们会向公婆奉上自己所做的布鞋。

三国时，曹操的儿子曹植就曾在冬至日向曹操献鞋袜，以“亚岁迎祥，履长纳庆”。

无论曹植还是百姓的主妇们，“荐袜履”的意义都是一样的：一是祝贺老人又添一寿，以冬至一年最长的日影来为老人祝祷长寿；二是表达对父母哺育之恩的感念和回报。

祭祖

冬至是中国传统阴节之一，所以冬至又是民间祭祖的日子。因为地域性差异，我国冬至祭祖的方式和内容各地都有不同，带着浓郁的地方色彩。

冬至祭祖，是人们向祖先回报一年的丰收情况，祈求祖先保佑的一种行为。

由上几个主要习俗可以看出，冬至节是一个感谢哺育生养之恩的日子，也是一个向神灵、圣贤、祖先祈福的日子。

就如开头所言，冬至日就是我们中国的感恩节。

第五章

诗意的二十四节气

“生命充满了劳绩，但还要诗意地栖居在这块土地上。”

二十四节气，还是中国人生活方式的诗意呈现。

它是自然天籁的呈现，是生活劳作的律动，是四季轮换的美好，是草木的四季之景、燕子的南来北往，是天人之间的亲密无间……

它是世界上最诗意的古历法。

二十四节气名称之美

中国，作为四大文明古国之一，汉文字已演化得炉火纯青，用字精准、意境深远，充分展示了一个古老文化的浩瀚与厚重。

这种文化特性，在二十四节气的名称上也体现得淋漓尽致。

“立春、雨水、惊蛰、春分、清明、谷雨……”细细品味，每一个名字就是一首隽永的短诗，是一个意境深远的写意山水。

比如“清明”，它的涵义是：“万物生长此时，皆清洁而明净。”就是说，在这个节气里，世上万物都有一种焕然一新的朝气。一切都格外洁净而明亮，都在蓬勃生长，都在熠熠闪光。

并且，清明在冬至“岁首”后的第108天。这个数字在我们的传统观念里，是完满、吉祥、久远、高深的大数。

再比如“芒种”：一望无际的麦田随风舞动，成片的麦芒像一抹画布上的黄晕，另一边，绿油油的秧苗长高了，可以插秧了……

再比如“白露”：天气凉爽，气温下降，晚上贴近地面的水气在草木上凝结成露珠，一个“白”字，既点明了秋季的节令，又使夜露似乎有了晶莹之色，使露珠仿佛变成了颗颗珍珠……

那么，另外一些看起来很普通的名字呢？

比如“雨水”。不细究，这仿佛就是一个很寻常的字眼。但是古人的解释却别有诗意：“东风解冻，散而为雨。”意思是当暖暖的东风徐徐而来时，温暖着被寒气冰冻了一冬的万物，万物中的“寒气”升到空中，又慢慢凝结成水汽，随着东风的吹拂化为雨重新落进大地，滋润万物生长。这是多么诗意的一个过程！

再比如“小寒”和“大寒”，初看起来它们很直白。可是想一想，用“大”“小”来形容寒冷的程度，其本身就是别具一格的。化俗为雅，从而雅俗共赏，一直是中国传统文化的特点之一。

二十四节气的每一个名字，都经过了光阴的洗礼，都经过了千年的提炼，所以才拥有了这种精炼而隽永的诗歌风格。

文史小知识

二十四节气的名称大致可分为四大类：一是反映季节，四时八节即属于此。四时：春夏秋冬；八节：立春、春分、立夏、夏至、立秋、秋分、立冬和冬至。

二是反映气温变化，包括小暑、大暑、处暑、小寒和大寒5个节气。

三是反映天气现象，如雨水、谷雨、白露、寒露、霜降、小雪和大雪。

四是反映物候现象，如惊蛰、清明、小满、芒种等。

一首优美的田园诗

春雨惊春清谷天，
夏满芒夏暑相连，
秋处露秋寒霜降，
冬雪雪冬小大寒。

如果一个从不知道二十四节气的人，第一次听到这首歌谣，绝对想不到它是一个表达了全年气候变化规律和顺序的节气总叙述，讲述了一个应用了数千年的农业历。

它更像是一段脍炙人口的歌谣，一首优美精炼的田园古诗。

事实上，这首流传最广的二十四节气歌，也的确具备了传统诗歌的几个主要特征：

首先是用词简洁精准，具有凝炼和跳跃的特点。

一年365天，4个季节轮转，24个节气名称——想一想，仅24个节气名称就有48个词，最后仅仅用了4句诗就表现了出来。不仅要把24个节气名称囊括在内，还要顺序严谨，语句通顺，合辙押韵，并且具有一定的意境。这对用词的精准和凝练，是个很大的要求。

如果细心研究一下会发现，这4句诗的用词玄机还远不止这些。比如，它还类似于一种藏头诗。把4句诗的第一个字从上往下念下来，正是“春夏秋冬”，表示了一年四季的排列顺序。同时，把每句诗7个字的中间一个字，再按从上往下的顺序念下来，还是“春夏秋冬”，可是这个“春夏秋冬”和第一个字的“春夏秋冬”又有不同，它分别表示的是“春分”“秋分”“冬至”“夏至”的位置，这和这四个节气本身的内涵和在全年中的位置对应得严丝合缝！

如此精炼的遣词造句，真是令人惊叹！

二是具有意境美。

意境美，是说诗中所描绘的画面场景和作者的思想、感情融为一体而形成的艺术境界的美，就像人们常说的：“诗中有画，画中有诗。”

在这首二十四节气歌里，每个季节都至少有个代表性的自然之物，比如春雨。雨，在春天是个很重要的气候特征，同时也有一层传统的恩泽大地、教化的美好意象。纷纷飘落的春雨意象，给春天蒙上了一层悠悠荡荡的诗情画意。

夏天里有个“芒”的意象，漫天遍野顶着淡黄麦芒的田野景象就不由展现在了面前。一个“暑”字，让人感到了夏天炙烤的阳光和闷热的气候。

秋天尤其美，先有露，后有霜。无论晶莹的露珠，还是茫茫白霜，都使人感到一种冷寂宁静的美感。

“雪”的出现，打破了冬季凛冽之中的沉寂。因为“瑞雪兆丰年”，因为漫天飞舞的如絮大雪，带来一份活泼和欢愉，让天地平添了几分生动。同时，冬天的“寒”又和夏天的“暑”遥相呼应，完成了对季节迥异表达的同时，也表达了一种律动之美。

四句节气歌，一年365天的四季轮换之美。

四季之美，天地间的大美。

三是具有韵律美。

韵律美，指的是押韵和节奏。

这一点，只要大声读出来就能直观地感觉到。这首二十四节气歌，音韵和谐、节奏鲜明，读起来朗朗上口，听起来声声悦耳。

如诗，如谣，如曲，如歌。

当然了，严格意义上，这首二十四节气歌并不是一首绝佳古诗。但是作为一个囊括了全年365天、春夏秋冬四季以及二十四个不同节气的历法，它是非常独特的，也是非常具有诗意的！

春江水暖鸭先知

大自然的天籁话剧

——七十二候

作为二十四节气的细化和物候补充，七十二候以五天为一个单位，用鸟兽草木等的变化来验证节气月令的变化。有了七十二候应的二十四节气，不再仅仅是一把划分时间的尺子，还是生活在这片土地上的所有生物的作息时间表。七十二物候展现给我们的，是来自大自然的天籁表演，以天地为舞台，演员是一切生灵：各种动物们活蹦乱跳，草木花鸟轮番登场，风霜雪露点缀其间……

春之剧

立春

一阵东风徐徐而来，丝丝暖意渐渐遍布大地。

最先感到春的气息的，是蛰伏在泥土里的小虫，冬眠中的它们在梦中晃了晃手脚。

嘘——

此时的春意，还是似醒非醒的时刻。

河里的冰已悄悄变薄了，随着细细的一声“咔擦”，一条鱼儿的身影在水面一晃，身上的碎冰在阳光下闪闪发光。

雨水

鱼儿游于水间，水獭也纷纷出来觅食。它们时而箭一般潜入水底，时而爬上岸凝神张望。水獭捉来鱼后并不着急吃，而是先一条一条排在岸边，就像在进行一场庄严的餐前祭祀。

天空中，大雁们从南向北飞回来了。为天空添加了几分热闹，也在波光粼粼的水中留下了匆匆而过的美丽剪影。

草木开始抽出嫩芽，大地也就开始呈现星星点点的绿意。

惊蛰

绿色开始接管了世界，虫儿们纷纷爬出地表，参加这场生命的派对。粉红的桃花开了，一朵，二朵，三朵……一只黄鹂鸟跳上枝头，发出春天第一声清脆的鸣叫。

田野里，斑鸠们成群结队出现，机警地四处觅食。

春分

燕子从南方飞来，叽叽喳喳地寻找着旧巢。若逢雨天，在遥远的天际开始有隆隆的雷声传来，再过几日，闪电也将出现。

清明

草渐绿，花渐开，春意渐浓。姹紫嫣红中，白桐花开了，香气弥漫于四野，令人心旷神怡。因为天气的转暖，田鼠们纷纷躲进了洞穴，鸟儿们却欢腾起来。

正是草长莺飞，万千自在。

春雨过后，天空挂上了一道七色彩虹。

谷雨

雨水渐渐频繁起来，河里的浮萍开始生长。短短几天里，它们就像一块绿色的锦缎一样铺满了水面，呈现一片繁荣景象。

编蒲扇

在这春意最美最浓的时刻，美丽的戴胜鸟飞临桑树之上。它头上的扇形羽冠既长又阔，多呈棕红或粉红色，兼有斑点点缀其间，仿佛就是一顶绝美的皇冠……

春天变得热闹起来，因为夏天就快来了。

夏之剧

夏天开始了，天地之间又有什么变化了呢？

立夏

在夏天出场的首先是两个小小的生灵——蝼蝈和蚯蚓。

立夏这天，蝼蝈开始了第一声鸣叫。几天后，蚯蚓也纷纷爬到了地面。

一种爬藤植物——王瓜开始蓬勃生长，不经意间都爬绿了一片。

小满

在田野，一切都生机勃勃，有一种叫苦菜的野菜，此时枝繁叶茂，可以挖来吃了。

而那些枝叶细软的适宜在阴冷潮湿季节生长的植物，因为受不了夏天烈日的火气而开始枯萎。

几天后，原本绿油油的麦田，长出了金黄的麦芒，可以收获了。

芒种

小蟑螂破壳而出了。

伯劳鸟开始鸣叫。

与此同时，有一些鸟雀却不再鸣叫了。

夏至

盛夏开始了。

梅花鹿们优雅地出现于原野，公鹿的鹿角开始脱落。

树上的知了们开始叫了。

一种叫“半夏”的野生药草，开始发芽了。

小暑

天气开始闷热。

四面八方吹来的风，也是热烘烘的。

蟋蟀离开了田野，开始在庭院里鸣叫。

幼鹰在老鹰的带领下从巢中飞出来，开始学习飞行搏杀以及猎食的本领了。

大暑

一年中最热的日子来了。

盛夏的夜晚,萤火虫们出来了。

酷暑之天,土壤内湿气潮湿,天气也湿热难耐,天地间仿佛变成了一个大蒸笼。

"对流雨"现象出现了。上半天的酷热,有时午后会下一场阵雨,稍稍缓解了一点这铺天盖地的暑气。

秋之剧

立秋

一丝凉风吹来,秋天开始了。

每天早上,树叶、青草尖已经有了露水。秋蝉开始在枝头鸣叫。

处暑

老鹰们捕猎小鸡,像祭品一样陈列了出来。

天地之间,有了一种肃杀之气。

此时田野里,稻谷、高粱、黍等谷类已经成熟,可以收割了。

白露

露水已经很普遍了。

天空中，鸿雁从北方飞来了。

而燕子门，则开始往更温暖的南方飞去。

不迁徙的鸟儿们也在为抵御即将到来的寒冬做准备，它们褪去原来的羽毛，重新长出了丰满的冬羽。

秋分

天气越来越凉，基本听不到雷声了。

地上的众多小虫也开始修葺它们的洞穴，还用细土封实孔洞以避免寒风吹进去。

天空常常万里无云，下雨次数少，河川流量也变小了。

寒露

在鸿雁后，陆续有其他鸟儿们也从北方飞过来了。

鸟儿们的种类变少了，但是河里的蛤类却开始大量繁殖，变得很容易捕捉到。

菊花们陆续开了。

霜降

天冷了。

山野树林里的豺狼们，捉到野兽后，先陈列出来，仿佛祭拜一番后再食用。

草木们开始变黄，树叶也纷纷落下。

各种冬眠的小虫子们停止了活动，躲在藏身处静静地进入了冬眠。

冬之剧

立冬

冬天来了。

有时候，户外的水开始结冰。

土地也变得硬梆梆的。

野地里的雉很少见到了，河里的大蛤(蜃)却开始大量出现。

小雪

天气变寒，已经下初雪了。

彩虹看不到了。

天地间变得一片寂然。

大雪

寒号鸟不再鸣叫。

只有万兽之王——老虎，展开了求偶行动。

一种叫荔的蔺草，穿破皑皑积雪长出了地面，成为寒冬中的一枝独秀。

小雪节气腌咸菜

冬至

冬至节到了。

土里的蚯蚓们，依然缩成一团躲在洞穴里过冬。

麋鹿们的角开始脱落。

地底深处的水泉，仍在流动。

小寒

天空中，偶有雁群已经向北飞往故乡。

喜鹊们开始飞来飞去筑巢。

野地里的雉鸡们开始鸣叫。

大寒

天气严寒，一年中最冷的节气到了。

家禽母鸡开始孵育小鸡。

老鹰、隼等凶猛的鸟类，因为受到饥寒交迫之苦，仍盘旋于天空，展现杀伐的本能追捕猎物。

河川里的都结冰了，厚厚的一层，又冷又硬。

七十二个场景，七十二个特写。

既有鱼虫鸟兽活灵活现的即兴表演，有风雨雷电的天籁配乐，又有绿草粉花浓淡相宜的缤纷绚烂……

一年四季轮换、二十四节气有序而出，构成了这一个个有声有色的场景画面。

古诗国的诗意历法

——二十四节气古诗词

中国是一个有着五千年文明史的文化古国，也是一个古老的诗歌王国。在这个诗歌王国，人们用诗歌描述一切生活和生产，用诗歌表达一切情感和情绪，过着一种传统的诗意生活。

关于二十四节气，历史上留下了许许多多的美妙诗句。

据统计，《全唐诗》和《全宋词》中，内容仅涉及“清明”的作品就有850多首。可以说，关于二十四节气的诗词真是浩瀚如海，璀璨如星。

在这里，我们只能每个节气挑选其中一首，来欣赏、感悟这份源远流长的诗意。

立春

立春日

〔宋〕陆游

日出风和宿醉醒，山家乐事满余龄。
年丰腊雪经三白，地暖春郊已遍青。
菜细簇花宜薄饼，酒香浮蚁泻长瓶。
湖村好景吟难尽，乞与侯家作画屏。

这首诗描写了立春日的乡村景象，太阳暖洋洋地照在身上，春风拂面，十分舒适。寒冬里下过几场大雪的原野，如今已萌发出一片片绿意。野菜细嫩，可以做春饼来吃了。边喝酒边欣赏这满目春光，真是赏心悦目。在这首诗里，“和风”“薄饼”正是立春的节气物候之一、节气食俗的代表“吃春饼”，很具体地表现了立春节气的内涵。

立春踩水浇地

雨水

早春呈水部张十八员外

〔唐〕韩愈

天街小雨润如酥，草色遥看近却无。
最是一年春好处，绝胜烟柳满皇都。

这首诗描写的是一场朦胧春雨中的早春景象。京城大道上空丝雨纷纷，它像酥油般细密而滋润，远望草色依稀连成一片，近看时却显得稀疏零星。诗人觉得这是一年中最美的季节，远胜过绿柳满城的春末。

雨水对春季至关重要，“雨水”节气正是这一需求而形成的节气名称。这首诗描写了雨水节的雨润如酥，正是春雨朦胧的节气特点。

惊蛰

观田家

〔唐〕韦应物

微雨众卉新，一雷惊蛰始。
田家几日闲，耕种从此起。
丁壮俱在野，场圃亦就理。
归来景常晏，饮犊西涧水。
饥劬不自苦，膏泽且为喜。
仓禀无宿储，徭役犹未已。
方惭不耕者，禄食出闾里。

这首诗首先点明了惊蛰的两个典型天气,“微雨”和“惊雷”,以及从此开始忙碌的农耕规律。继而又写农家忙于耕种,日夜不闲,虽然生活艰苦,却依然乐观勤劳,让诗人为自己的坐享其成感到惭愧。

春分

春日

〔宋〕朱熹

胜日寻芳泗水滨,无边光景一时新。
等闲识得东风面,万紫千红总是春。

在这首诗里,诗人描写了在郊外踏青时看到的一派美好春光。春天万物复苏,百花争奇斗艳,正是春分节气前后姹紫嫣红的自然美景!

清明

清明

〔唐〕杜牧

清明时节雨纷纷,路上行人欲断魂。
借问酒家何处是,牧童遥指杏花村。

这首诗写了清明节这天,在纷纷飘落的细雨中,人间充满一种哀愁。这正是清明节的特有景象,“清明时节雨纷纷”是写清明节的千古名句。

牧童

谷雨

谢中上人寄茶

〔唐〕齐己

春山谷雨前，并手摘芳烟。
绿嫩难盈笼，清和易晚天。
且招邻院客，试煮落花泉。
地远劳相寄，无来又隔年。

这首诗描写了谷雨前后人们采茶的情景。人们在茶山之上缓缓而动，因为只摘嫩叶，一个篓还未满时天色就已晚了。采茶虽辛劳，但以茶招待邻居、赠送知己是一件更美好的事情。谷雨茶也是谷雨节很有代表性的一种节气食俗。

立夏

立夏日忆京师诸弟

〔唐〕韦应物

改序念芳辰，烦襟倦日永。
夏木已成阴，公门昼恒静。
长风始飘阁，叠云才吐岭。
坐想离居人，还当惜徂景。

这首诗描写立夏的景象，树木已经繁茂成荫，无人的庭院增添了一种安静之感。一阵风吹进庭院，远处的山峰从白云笼罩里露了出来。树木呈茂盛之态，风中多了些热意，正是立夏时春未远、夏未全至的气象物候特征。

小满

归田园四时乐春夏二首(其二)

〔宋〕欧阳修

南风原头吹百草，草木丛深茅舍小。
麦穗初齐稚子娇，桑叶正肥蚕食饱。
老翁但喜岁年熟，饷妇安知时节好。
野棠梨密啼晚莺，海石榴红啭山鸟。
田家此乐知者谁?我独知之归不早。
乞身当及强健时，顾我蹉跎已衰老。

这首诗中描写了小满节气的田园之美：夏季的南风吹动了原野上的各种野草，在那草木丛深之处可见那小小的茅舍。近处的麦田嫩绿的麦穗已经抽齐，在微风中摆动时，像小孩子那样摇头晃脑、娇憨可爱；而桑树上的叶子碧绿肥硕，可供蚕美美饱餐。于农家来说，他们仍盼望的是当年的收成。再看那田间、山头的果树开始长出密密的果实，各种鸟儿在枝头鸣唱，好一派美好夏景，让诗人发出退隐太晚的感慨。

"小满"，正是麦穗灌浆的开始，汗细的麦穗也因此悄悄饱满起来，在诗中得到了体现。

扬谷

芒种

梅雨五绝(其二)

〔宋〕范成大

乙酉甲申雷雨惊,乘除却贺芒种晴。
插秧先插蚤籼稻,少忍数旬蒸米成。

诗人的这首梅雨五绝正是写出了“芒种”前后雷雨天气特别多的特点,所以希望天气赶紧由雨转晴。同时,芒种也是插秧开始的节气,诗人在诗中说插秧最好先插籼稻,因为坚持几个十天稻米即可长成,表达了人们对丰收寄予了厚望。

夏至

夏至日作

〔唐〕权德舆

璿枢无停运,四序相错行。
寄言赫曦景,今日一阴生。

作为最先被发现的两大节气之一,夏至对整个二十四节气系统有着非常关键的作用。所以,这首唐诗名为夏至,写的却是自然阴阳之理,这正是二十四节气的重要内核。诗说大自然不停地运行,四季交错,虽然夏阳如火,但却意味着阳盛之中也有阴生。

夏至叫哥哥

小暑

小暑六月节

〔唐〕元稹

倏忽温风至，因循小暑来。

竹喧先觉雨，山暗已闻雷。

户牖深青霭，阶庭长绿苔。

鹰鹯新习学，蟋蟀莫相催。

这是一首典型的节气诗，写尽了小暑节气的物候景象。“温风至”“蟋蟀居壁”“鹰始挚”正是小暑三候，是一首名副其实的节气诗。

大暑

销夏

〔唐〕白居易

何以销烦暑，端居一院中。
眼前无长物，窗下有清风。
热散由心静，凉生为室空。
此时身自得，难更与人同。

“大暑”正逢中伏前后，是全年最为酷热难当的节气，人们身体承受酷热，很容易心浮气躁。这首诗写大暑，更是写“消暑”之法，在所有写酷暑热的诗词中别具一格。心静自然凉，若是胸怀坦荡，即便身处陋室、酷暑之中，也能自得其乐，怡然处之。

立秋

立秋

〔宋〕刘翰

乳鸦啼散玉屏空，一枕新凉一扇风。
睡起秋声无觅处，满阶梧桐月明中。

这是一首非常生动的立秋诗。小乌鸦的叫声渐渐停了，只留一个空荡荡的屏风。突然凉风吹来，就像有人在用绢扇不断扇着一样。半夜起来，一片宁静，只有皎洁的月光照着台阶上的梧桐树，整首诗意境清寂而深远。

“立秋”节气初候“凉风至”,凉爽的秋风是人们感知秋天的最直观的候应,在这首诗中得到了非常诗意的体现。

处暑

处暑后风雨

〔宋〕仇远

疾风驱急雨,残暑扫除空。
因识炎凉态,都来顷刻中。
纸窗嫌有隙,纨扇笑无功。
儿读秋声赋,令人忆醉翁。

这首诗是写处暑节一场暴雨后的清凉感受。诗中的“残暑扫除空”几乎是“处暑”最形象简洁的解释。处暑代表着暑热消退,让饱受酷夏之苦的人们感到了心旷神怡。在这首诗后面又加入小儿朗朗读书声,更让人感到闷热一扫而光后的快意心情,令人身临其境。

白露

蒹葭

蒹葭苍苍,白露为霜。所谓伊人,在水一方。溯洄从之,道阻且长。溯游从之,宛在水中央。

蒹葭萋萋,白露未晞。所谓伊人,在水之湄。溯洄从之,道阻且跻。溯游从之,宛在水中坻。

蒹葭采采,白露未已。所谓伊人,在水之涘。溯洄从之,道阻且右。溯游从之,宛在水中沚。

“白露”节气顾名思义,是一种自然现象,说夜间的水汽会有凝露现象。露水的晶莹,以水边挂满露水的芦苇丛营造出一种情意绵绵又冷寂执着的意象,从而引出寻找心上人过程中缠绵悱恻的心情。

秋分

秋分后顿凄冷有感

〔宋〕陆游

今年秋气早,木落不待黄,
蟋蟀当在宇,遽已近我床。
况我老当逝,且复小彷徉。
岂无一樽酒,亦有书在傍。
饮酒读古书,慨然想黄唐。
耄矣狂未除,谁能药膏肓。

这首诗前两句描写秋分景象:今年的秋天来得早,树叶还没黄就落了。在这个季节,蟋蟀本该在院里鸣叫的,现在已经跑进了我的床底下。其中“蟋蟀当在宇,遽已近我床”正是借用了秋分的三候之一“蛰虫培户”,意思是说蟋蟀等小虫在这个节气已从田野进入了人们居住的庭院。而诗人发现,当年的秋分时节,蟋蟀已经跑到床下来了,所以说明了“今年秋气早”的气候特点。

寒露

月夜梧桐叶上见寒露

〔唐〕戴察

萧疏桐叶上，月白露初团。
滴沥清光满，荧煌素彩寒。
风摇愁玉坠，枝动惜珠干。
气冷疑秋晚，声微觉夜阑。
凝空流欲遍，润物净宜看。
莫厌窥临倦，将晞聚更难。

作为一个直接以名称描述自然现象的节气，“寒露”节气主要物候特点当然是露水的频繁出现。作为一首十分细致地描写寒露的古诗，对其生成、形态、变化、环境和消失的描写，十分细腻，形象生动，把露水之美展现得淋漓尽致。

赶驴拉磨

霜降

南乡子·重九涵辉楼呈徐君猷

〔宋〕苏轼

霜降水痕收。浅碧鳞鳞露远洲。酒力渐消风力软，飕飕。破帽多情却恋头。

佳节若为酬。但把清尊断送秋。万事到头都是梦，休休。明日黄花蝶也愁。

作为秋季最后一个节气，“霜降”代表着花木的凋落、虫鸟的销声匿迹，这让诗人感到秋季特有的一种肃杀哀愁。在诗人笔下，霜降时节水位下降，远处江心的沙洲都露出来了。酒力减退了，才觉察到风吹得人凉飕飕的。破帽却多情留恋，不肯被风吹落。

重阳节后菊花也逐渐枯黄，连蝴蝶也会为之感叹发愁。正是秋天常带给人们的留恋和衰落之感。

立冬

立冬

〔唐〕李白

冻笔新诗懒写，寒炉美酒时温。

醉看墨花月白，恍疑雪满前村。

立冬有三候，“水始冻，地始冻，雉入大水为蜃”。敏感的诗人很快从冻凉的笔端感知到了寒冬的来临，然而却并没有陷入沮丧失意，而是通过温酒、看月等，让这个节气之交的时刻变得非常诗意而美好。

小雪

小雪

〔唐〕戴叔伦

花雪随风不厌看，更多还肯失林峦。

愁人正在书窗下，一片飞来一片寒。

这首诗写的是小雪节气里的雪。白雪如花随风而舞，再这么下的话，山峦树林也会变成皑皑白色了。一片片的雪花，带着一片片的寒意，提醒诗人冬天到了。

“小雪”节气写小雪，大概是这一年的第一场雪，所以让诗人既感到一丝惊讶又带着许多欣赏的心情。

大雪

北风行

〔唐〕李白

烛龙栖寒门，光曜犹旦开。

日月照之何不及此？惟有北风号怒天上来。

燕山雪花大如席，片片吹落轩辕台。

幽州思妇十二月，停歌罢笑双蛾摧。

倚门望行人，念君长城苦寒良可哀。

别时提剑救边去，遗此虎文金鞞靫。

中有一双白羽箭，蜘蛛结网生尘埃。
箭空在，人今战死不复回。
不忍见此物，焚之已成灰。
黄河捧土尚可塞，北风雨雪恨难裁。

“大雪”，同样是反映天气现象的节气。在浪漫主义诗人李白的笔下，大雪节气的雪尤其传神。以席来拟雪花此句想象飞腾，精彩绝妙，生动形象地写出了雪花大、密的特点，极写边疆的寒冷，非常符合大雪节气的气候特点。

冬至

满江红·冬至

〔宋〕范成大

寒谷春生，熏叶气、玉筒吹谷。
新阳后，便占新岁，吉云清穆。
休把心情关药裹，但逢节序添诗轴。
笑强颜，风物岂非痴，终非俗。
昼永，使眠熟。
门外事，何时足。
且团奕同社，笑歌相属。
著意调停云露酿，从头检举梅花曲。
纵不能，将醉作生涯，休拘束。

范成大的这首冬至诗，描写了冬至虽寒却春意初萌的景象。因为古时视冬至为岁首，所以诗中故有“新岁”一说。蕙草新生，香气袅袅，“蛰藏”了一冬的诗人，在冬至这天产生了迎新的想法。这首诗虽是写冬至，却也有一种欢心舒畅的“春意”在字里行间，非常符合古人对冬至“藏之终，生之始”的理解。

小寒

窗前木芙蓉

〔宋〕范成大

辛苦孤花破小寒，花心应似客心酸。
更凭青女留连得，未作愁红怨绿看。

“小寒”是全年节气中倒数第二个，处于“二九末，三九初”，是一个非常寒冷的节气。诗人以小寒中努力开放的木

迎新春（王慧聪绘）

芙蓉为对象，抒发的是一种在恶劣环境下还能美丽绽放的坚贞不屈的精神。

大寒

寒夜

〔宋〕杜耒

寒夜客来茶当酒，竹炉汤沸火初红。
寻常一样窗前月，才有梅花便不同。

和“小寒”一样，“大寒”也是一个表征天气寒冷程度的节气。在古代，大寒是全年最冷的一个节气，然而根据传统观念，“阴极”则代表着阳气的“始生”，所以古人看大寒却是又一个轮回的即将开始。从这个角度看，就更好理解这首诗中的“暖意”了。在诗中，诗人写道：寒冷的夜晚，有客来访，就把炉火烧旺，主宾以茶代酒相谈甚欢。窗外的明月高悬，几枝梅花在月光下怒放，并发出幽幽的芳香。这样的冬夜，因为志同道合的朋友、窗外的月光变得格外地不同，早已让人忘记了寒冷。这是一首尤其意味深长又十分美好的寒冬诗。

来自天地的律动

——二十四节气与乐律

音乐和历法，本来属于两个不同的领域，可是我们的祖先却非常聪明地将音律和节气月份巧妙地融为一体。

真是妙不可言！

“斗指子则冬至，音比黄钟。加十五日指癸则小寒，音比应钟。加十五日指丑是大寒，音比无射。”

“加十五日指报德之淮，则越阴在地，故曰距日冬至四十六日而立春，阳气解冻，音比南吕。加十五日指寅则雨水，音比夷则。加十五日指甲则雷惊蛰，音比林钟……”

在古代的天象记载中，天文始终和音律相配。这一法则称为“候气法”，具体方法就是将十二根长短不一的律管埋于土里，在管口覆上芦苇灰。等到某个节气之交来到之时，某处相应管口的灰就会飞散而出，就表示一个新的时节来到。比如冬至之时，由于律管长短不一，其中一个最短律管中在某一时刻传出低沉的黄钟之声，飞灰空中舞动，于是人们知道冬至节气到了，寒冬来了。

这种“候气法”因为其操作性不强、准确度不高而很快被其他划分气节的方法替代了。然而时序节气和音律之间的这种关系却流传、保留了下来。

“大乐与天地同和,大礼与天地同节……”

汉代书籍《淮南子·天文训》,对节气和乐律的对应关系做了一一说明。

简单来说就是以冬至为起点依次排列二十四节气:冬至、小寒、大寒、立春、雨水、惊蛰、春分、清明、谷雨、立夏、小满、芒种、夏至、小暑、大暑、立秋、处暑、白露、秋分、寒露、霜降、立冬、小雪、大雪、冬至、小寒、大寒。分别对应十二律音为:黄钟、应钟、无射、南吕、夷则、林钟、蕤宾、中吕、姑洗、夹钟、太簇、大吕、黄钟、大吕、太簇、夹钟、姑洗、中吕、蕤宾、林钟、夷则、南吕、无射、应钟。

就这样,节气配乐律。每一年以低沉的黄钟之音起,渐次明朗清脆,然后再变低沉浑厚,转而再成欣欣然清亮之音。一年四季、二十四节气,在天地间被演奏成一曲悠远绵长的上古之曲。

文史小知识

十二律准确读音:黄钟(huáng zhōng)、大吕(dà lǚ)、太簇(tài cù)、夹钟(jiā zhōng)、姑洗(gū xiǎn)、中吕(zhōng lǚ)、蕤宾(ruí bīn)、林钟(lín zhōng)、夷则(yí zé)、南吕(nán lǚ)、无射(wú yì)、应钟(yìng zhōng)。

活跃于田间的口头智慧

——二十四节气农谚

二十四节气并非一开始就是“亲民”的，尧舜时期，只有极少数统治者才有权、才有可能“观天象、定四时”。再后来，观测天象、划分四时有了专门的官员，最后颁布历法的依然是天子、君王，能参与其中的仍然是少数上层精英人物。

秦汉时期，《淮南子》确立了二十四节气。二十四节气作为农业生产指导，得到广泛应用和推广，二十四节气也就走到了民间。先民们在使用它的过程中，会不断根据现实经验进行比对，开始参与二十四节气内容的丰富和扩展。在这一个过程中，大量的农谚农谣被创造出来，变成一种活跃于田间的口头“文化”，一种非常实用的民间智慧。

一年365天，春夏秋冬四季，在这些二十四节气谚语中，一份传统的农耕生活呼之欲出：

春天来了。“立春一年端，种地早盘算。”告别闲冬，活动活动筋骨，是时候为新的一年好好谋划一番了。“春雨贵如油。”每下一场雨，农夫的心，就跟着快活一场。“雨水到来地解冻，化一层来耙一层。”“春雷响，万物长。”“惊蛰不耙地，好像蒸锅跑了气。”惊蛰雷一响，所有人都要忙起来了，主要工

鱼鹰捕鱼

作是整理田地，为春种做准备。“春分春分，昼夜平分。”“春分麦起身，肥水要紧跟。”天气回暖，真正的春天来了，田间的小麦开始生长，这时候最重要的肥水一定要跟上。施肥、浇灌，是春分时节农夫的工作内容。“清明前后，种瓜点豆。”春播开始了，瓜果豆菜都可以播种了。“谷雨有雨好种棉。”“过了谷雨种花生。”“谷雨下秧，大致无妨。”谷雨是套种庄稼播种、小苗移栽的时间，继续延续着春播的内容。

夏天到了。“春争日，夏争时。”“芒种，芒种，连收带种。”“吃了夏至面，一天短一线。”“小暑小禾黄。”“小暑大暑，有米不愿回家煮。”夏天的炎热，夏天的忙碌，已是呼之欲出。

秋天到了。“早上立了秋，晚上凉飕飕。”“处暑高粱遍地红。”“白露秋分夜，一夜凉一夜。”“白露早，寒露迟，秋分种麦正当时。”“寒露时节人人忙，种麦、摘花、打豆场。”“霜降不摘柿，硬柿变软柿。”

冬天到了。“立冬小雪紧相连，冬前整地最当先。”“小雪封地地不封，老汉继续把地耕。”“大雪纷纷是丰年。”“冬至大如年。”“冬节丸，一食就过年。”“小寒大寒，冷成冰团。”“过了大寒，又是一年。”

有关二十四节气的农谚，真是数不胜数。囊括了许多方面：描述气候特点的、反应气候变化的、预测天气变化的、农事指导甚至劝人劝善的，等等。这些民谚风格朴素活泼、形式多样、意象鲜明，千百年来指导着农事生产、百姓生活，一代又一代人受益于此、口耳相传。

其他艺术形式中的二十四节气

二十四节气和对联

对联,中国的传统文化之一,又称对偶、门对、春贴、春联、对子、桃符、楹联等,是一种对偶文学,起源于桃符。是写在纸、布上或刻在竹子、木头、柱子上的对偶语句。其特点是言简意深,对仗工整,平仄协调,字数相同,结构相同,是中文语言的独特的艺术形式。

有关二十四节气的对联,并不多见,然而每一个都独特新颖,非常值得一读。

二月春分,八月秋分,昼夜不长不短;
三年一闰,五年再闰,阴阳无错无差。

在这幅对联中,上联不但指明了春分,秋分这两个节气所在月份(农历),而且把这两个节气的时间特点——昼夜相平也讲得十分清楚;下联则讲了农历闰年的规律,非常严谨,但又不失诗歌之美。

一犁耕破路边土，今日芒种；

双手捧住炉中火，明朝大寒。

此联上联是明代时江南一农夫手扶犁杖，在一旁耕地时所作，后来给一位进士出身的知府对出了下联，联中各嵌一节气，形象而幽默。

关于节气对联，还有一个故事。在明代，有一位才子在浙江天台山浏览时，夜里就住在山间茅屋之中。第二天起床出门，只见茅屋一片白霜，心中有感，就吟了一句："昨日大寒，霜降茅庐如小雪。"这一句诗里，既是描写了景物，又嵌入了三个节气。吟完上联，才子自己苦思良久，也对不出下联来。后来，竟成了无人可对的绝对。

直到近代，才有一位浙江的学者对出了下联："早春惊蛰，春分时雨到清明。"这个等待了数百年的对联终于得以完成：

昨夜大寒，霜降茅屋如小雪；

早春惊蛰，春分时雨到清明。

这副对联构思精巧，描景状物，读后令人回味无穷。

二十四节气与戏曲弹词

清末同治年间，苏州有一位著名弹词艺人马如飞，他创作了一首《节气歌弹词》。在这首弹词中，新颖别致地把二十四节气和二十六个戏目名巧妙地组合在一起、嵌入其中，语义双关，十分美妙。马如飞把这篇《节气歌弹词》作为弹词的开篇进行演唱，在当时深受欢迎。

这首弹词的内容是这样的：

表的是《西园》梅放立春先，
云镇霄光雨水连，
惊蛰初交河跃鲤，
春分蝴蝶梦花间，
清明时放的本是《风筝误》，
谷雨时在《西厢》好养蚕，
《牡丹亭》立夏花零乱，
《小簪》小满布庭前，
隔溪芒种《渔家乐》，
《义侠》同耕夏至田，
《白罗衫》在小暑最得体，
《望江亭》大暑时对风而眼，
立秋后向日的葵花放，
处暑时在《西楼》又听晚蝉，
你看那《翡翠园》中白零露，
秋分《折桂》月华天，
《烂枯山》寒露惊鸿雁，
霜降芦花《红蓼滩》。
立冬时畅饮在《麒麟阁》，
《绣襦》时小雪正好咏诗篇，
《幽阁》大雪红炉暖，
冬至一到这《琵琶(记)》就懒得去弹，

雨水节气梅花开

小寒高卧做个《邯郸梦》，

一捧《雪飘空》又交大寒。

这首弹词可谓匠心独运，不仅文词典雅，巧嵌节气、戏名，而且与当时物候丝丝入扣，不仅从中可以欣赏春夏秋冬四季的景色和人事，还能对清代咸丰、同治年间的流行戏曲曲目一目了然。全篇文词天衣无缝、浑然一体，令人拍案叫绝。

冬天拦河泥

最美的等候

——二十四节气与二十四番花信风

花木管时令，岁岁换新容。

自然界的花草树木、飞禽走兽，都是按照一定的季节时令活动的，其活动与气候变化息息相关。因此，它们的各种活动便成了季节的标志，如植物的萌芽、抽枝、开花、结果、枯萎以及动物的蛰眠、迁徙、复苏、始鸣、繁殖等，都是受气候变化制约的，人们把这些大自然的一种节律现象叫做物候。

在这其中，古人把时令性较强的开花植物和二十四节气对应了起来，称之为花信风。所谓花信风就是只在某节气开的花，因为是应花期而来的风，所以称信风。

根据农历节气，从小寒到谷雨，共八气，一百二十日。每气十五天，一气三候，每候五天，八气共二十四候，每候对应一种花，也就是每五天有一种花绽蕾开放，即一月二气六候花信风。每一候花信风便是候花开放时期，故此有“二十四番花信风”之说。人们挑选一种花期最准确的花为代表，叫做这一节气中的花信风，意即带来开花音讯的风候。

二十四番花信风从小寒开始，到谷雨结束，梅花初开，第一番“花信”也就开始了。

顺序为：

小寒：一候梅花、二候山茶、三候水仙；
大寒：一候瑞香、二候兰花、三候山矾；
立春：一候迎春、二候樱桃、三候望春；
雨水：一候菜花、二候杏花、三候李花；
惊蛰：一候桃花、二候棠梨、三候蔷薇；
春分：一候海棠、二候梨花、三候木兰；
清明：一候桐花、二候麦花、三候柳花；
谷雨：一候牡丹、二候酴糜、三候楝花。

一年花信风梅花最先，楝花最后。经过二十四番花信风之后，春季结束，百花凋零，以立夏为起点的夏季便来临了。花应节气而开，节令以花而定，在二十四番花信风划分的八个节气，也因这种互相映照而似乎添了几分色彩和芬芳。

文史小知识

农历十二个月候应姊妹花：除二十四节番花信风外，古人还根据农历十二个月的花开花落编成了《十二姐妹花》，这也是农历十二个月候应姊妹花的最佳诠释：正月梅花凌寒开，二月杏花满枝来。三月桃花映绿水，四月蔷薇满篱台。五月榴花火似红，六月荷花洒池台。七月凤仙展奇葩，八月桂花遍地开。九月菊花竞怒放，十月芙蓉携春来。十一月水仙凌波开，十二月腊梅报春来。

“等闲识得东风面”

——二十四节气与八节风

“相见时难别亦难，东风无力百花残。”

“莫道不消魂，帘卷西风，人比黄花瘦。”

“夜来南风起，小麦覆陇黄。”

“北风卷地白草折，胡天八月即飞雪。”

古人对风，同样有着天然的亲切，又和二十四节气相对应，总结出了“八节风”。

《淮南子·天文训》中的记载如下：“何谓八风？距冬至四十五日，条风至；条风至四十五日，明庶风至；明庶风至四十五日，清明风至；清明风至四十五日，景风至；景风至四十五日，凉风至；凉风至四十五日，阊阖风至；阊阖风至四十五日，不周风至；不周风至四十五日，广莫风至……”

首先，每一方位风历时45天，一般控制3个节气，如条风，在冬至后45天，就是从立春起，然后雨水、惊蛰，这三个节气里的风为东北风，称之为“条风”。

依次类推，如下所示：

条风

立春、雨水、惊蛰3个节气的风，风向：东北，历时约45天。

明庶风

春分、清明、谷雨3个节气的风,风向:东,历时约45天。

清明风

立夏、小满、芒种3个节气的风,风向:东南,历时约45天。

景风

夏至、小暑、大暑3个节气的风,风向:南,历时约45天。

凉风

立秋、处暑、白露3个节气的风,风向:西南,历时约45天。

阊阖风

秋分、寒露、霜降3个节气的风,风向:西,历时约45天。

不周风

立冬、小雪、大雪3个节气的风,风向:西北,历时约45天。

广莫风

冬至、小寒、大寒3个节气的风,风向:北,历时约45天。

由于中国东部沿海与太平洋相邻,西南部又与印度洋相距不远,再加上大气环流的作用,海陆热力性质的差异以及冬夏行星风带的南北推移,形成了明显且普遍的季风现象,并对一年中的节候变换产生了重要的影响。

第六章

美味的二十四节气

咬春、尝夏、啃秋、补冬。

从时令到食物，蕴含着古老中国几千年的美味密码。

立春的卷饼、清明的青团、夏至的面、冬至的饺子，应和的是一个温情氤氲的人间四季。

原来，二十四节气竟如此美味！

当然，由于各地食材、口味以及习俗的不同，即使同一个节气，全国各地美食也呈缤纷多彩之态。

于是，每个人心中都有了专属于自己的美味。

咬春

——立春食俗

你知道吗？

在我们祖先充满生活情趣的想象力中，春天，这一自然节气，不仅可以“拜”“迎”“讨”，另外还可以“鞭”“戴”“咬”。

这里的“打”是“鞭春牛”的农耕文化习俗；“戴”是民间女孩儿们戴的春叶、春花。

而“咬”，就和美食有关了。

“咬春”，咬的是什么呢？

首先是萝卜。据《明宫史》记载，每年到了立春这天，不管是富贵人家还是贫穷农户，也不管是男女老少，都在嚼萝卜。据说立春日吃萝卜，可以去春困。如果是已婚的妇女吃了，还可以增强生育机能，所以立春萝卜又被称为“子孙萝卜”。

此外，“咬”的还有春饼和春卷。

晋代潘岳所撰的《关中记》记载：“（唐人）于立春日做春饼，以春蒿、黄韭、蓼芽包之。”清人陈维崧在其《陈检讨集》一书中亦说：“立春日啖春饼，谓之‘咬春’。”

最初的春饼是用面粉烙制或蒸制而成的一种薄饼，食用时，常常和用豆芽、菠菜、韭黄、粉线等炒成的合菜一起吃，或以春饼包菜食用。传说吃了春饼和其中所包的各种蔬菜，将

春卷

使农苗兴旺、六畜茁壮。有的地区认为吃了包卷芹菜、韭菜的春饼，会使人们更加勤（芹）劳，生命更加长久（韭）。

除了春饼之外，春卷也是立春日人们经常食用的一种节庆美食。这种食品是以薄面皮包馅、用油炸制而成。其具体制作方法为：面粉和成浆状，放些许在平锅底，用文火烧，时时旋转平锅，制成薄如蝉翼的春卷皮，然后包馅，卷成约二寸长的长筒状，两头以面糊粘住，以浮油煎至外焦里嫩、色香味俱佳。春卷皮一般用麦面，也有用鸡蛋皮、豆腐皮者。至于馅料则分南北两派，北方多用韭菜、豆芽、肉丝等，而江南则多用白菜、肉丝、虾丝、海米、芹菜、豆沙、水果等。

时至今日，色泽金黄、外皮酥脆、肉馅鲜嫩、香气诱人的春卷已成为许多大酒店宴席上一道风味独特、备受欢迎的名点。

“炒虫”，你敢吃吗？

——惊蛰食俗

惊蛰这一天的活动，总是和“虫”有关。

在我国北方的一些地区，惊蛰这天，若走在村间小路上，随时能闻到一股豆类被爆炒的香气，听到家家户户的厨房里传来“噼啪噼啪”的响声，真是此起彼伏。

过不了多久，就听到一阵阵的喧闹声，不断听到大喊声：“吃炒虫了！吃炒虫了！”

然后就见小孩子们欢天喜地地走出家门，兜里装得鼓鼓

“炒虫”（黄豆）

囊囊的，凑在一起互相交换品尝手中之物："我的甜！""我的是咸味！""我的最脆！""我的最香！"

比完口味后，开始比赛谁吃得快、嚼得响。

吃得最快的那个，大家都会祝贺其为消灭害虫立了头功。

不过，他们吃的并不是虫，而是炒熟的黄豆或玉米粒。

这些黄豆和玉米，有的提前用盐水浸泡后再晒干，又在锅里炒熟。有的不浸泡，炒得差不多时直接洒糖，变成甜味的"炒虫"。经过铁锅爆炒的"炒虫"嘎嘣脆、喷喷香，是旧时没多少零食的农村小孩子们很喜欢的"零嘴儿"。

明目清火“谷雨茶”

——谷雨食俗

古人说，开门七件事——“柴米油盐酱醋茶”。由此可见，茶是中国人生活中不可或缺的一部分，其重要性和油盐酱醋等同。中国也是茶的故乡，中国人种茶、喝茶的历史源远流长。

一年二十四节气，在我国基本整个春夏季都有现采的茶叶，其中春茶被视为一年品质最好的茶叶。茶农们依据节气的变化，根据采制时间的不同，将春茶分为“分前茶”“雨前

春茶

茶”和“明前茶”。然而茶农们心中最宝贵的，并经常留着自己吃的茶，却是谷雨这一天采来的茶叶——“谷雨茶”。

谷雨，谷之初乳。草木得水则活，草木从寒冬中苏醒，得到一年之中天地较早的乳汁，唤起潜藏的能量迅速向上。春季温度适中、雨量充沛，再加上茶树经半年冬季的休养生息，所以春梢芽叶肥硕、色泽翠绿、叶质柔软，富含多种维生素和氨基酸，使春茶滋味鲜活、香气宜人。

谷雨茶又叫二春茶。谷雨茶除了嫩芽外，还有一芽一嫩叶的或一芽两嫩叶的。一芽一嫩叶的茶叶泡在水里像展开旌旗的古代的枪，被称为旗枪；一芽两嫩叶则像一个雀类的舌头，被称为雀舌。与清明茶同为一年之中的佳品。

传说谷雨这天的茶喝了会清火、辟邪、明目等，所以在南方每年谷雨这一天，无论什么天气，人们都会早早动身去茶山摘新茶，回家后立即动手炒制成茶叶，然后泡好全家一起品尝，以祈求健康。

色如碧玉的“青团”

——清明美食

江南人清明时节吃青团的习俗,可追溯到两千多年前的周朝。据《周礼》记载,当时有“仲春以木铎(用以警众的响器)循火禁于国中”的法规,于是百姓熄炊,“寒食三日”。后来,寒食节与清明节相融,虽然不再禁火,但吃冷食的习俗却流传了下来。清代《清嘉录》说:“市上卖青团熟藕,为祀祖之品,皆可冷食。”

青团的“青”色,来自于一种叫做“浆麦草”的野生植物。在春天里,去野外挖来这些绿色野草,回家后洗净捣烂,挤压成汁水收集起来,就可以做青团了。青团的原料是糯米粉,把浆麦草的青色汁水倒入,然后充分搅拌,和粉工作就完成了。传统青团是以乌黑油亮的芝麻或细腻香甜的豆沙为馅,味道是甜的。现代的馅料更加丰富,各种各样的搭配,甜咸都有,咸味的青团有芥菜香肉、马兰香干、芽菜春笋等。

和好的粉团,分成鸡蛋大小,摊开后放入馅料,然后重新包好。包好后,把团坯再手心里来回团,直到团成一个圆圆的团子。最后把团子放进蒸笼里开火蒸,十几分钟后,临出笼前再用毛刷将熟菜油均匀地刷于团子表面,到此就大功告

青团

成了。

清代大美食家袁枚评价这种节令美食说:“捣青草为汁,和粉为团,色如碧玉,软糯香甜。”被揉进糯米粉的麦草青汁,在没煮之前不过淡淡的绿色,等团子蒸熟出锅后却是非常养眼的绿色,色泽晶莹、颜色碧绿。糯韧绵软,清香扑鼻,吃起来甜而不腻、肥而不腴,正是养眼又美味的一道节气美食。

养生“乌米饭”

——立夏美食

在江南一带，立夏有吃乌米饭的习俗。

什么是乌米饭呢？

乌米饭，正确的说法应该叫“乌色饭”。做法并不复杂，《本草纲目》里记载：摘取南烛树叶捣碎，浸水取汁，蒸煮粳米或糯米，成乌色之饭。南烛树叶，即乌叶草。立夏这天，人们去田间摘取一种名叫“乌饭草”的野生灌木叶子，经过清洗搓叶、沥汁，然后按照乌草汁的比例称好糯米进行浸泡，经过一天一夜的浸泡，雪白的糯米变成“乌黑”糯米，然后沥干乌草汁，上笼蒸熟即可。

乌米饭有甜咸两种口味。甜者，以白砂糖和豆沙包制而来。咸味的，在饭中添加了咸肉和豌豆。

乌米饭乌黑油亮，清香可口，不仅能益精气、强筋骨、明目乌发、健脾益肾，久服还有轻身延年的功效，还曾经是道家长生不死的食品。在唐代，大才子杜甫有一首送另一位大才子李白的诗，就提起过乌米饭：“岂无青精饭，使我眼色好。苦乏大药资，山林迹如扫。”诗里的“青精饭”，就是乌米饭。可见，“青精饭”的历史之久。

乌米饭

李时珍《本草纲目·谷之四》也说:“此饭乃仙家服食之法。”

立夏吃乌米饭,还有一个美丽的传说。

传说,佛陀有个弟子叫目莲。目莲的母亲在十八层地狱饿鬼道受苦受难,目莲修行得道后,千方百计求得恩准,得以去地狱看望母亲。在十八层地狱饿鬼道,目莲的母亲每日忍饥挨饿,处境非常凄惨。目莲就带食物送给母亲吃,可是每次准备的饭菜在途中就被沿途的饿鬼们抢吃一空,根本没法送到母亲那里。怎么让才能绕开那些饿鬼狱卒们的争抢,让挨饿的母亲吃上饱饭呢?目莲百思不得其法,为此时常在山上徘徊。

有一天,目莲正在山里徘徊,为自己找不到好办法而长吁短叹。在这个过程中,他不经意地随手摘了一片树叶,放进嘴里无聊地咀嚼着,嚼着嚼着他感到了口中一种香润可口

捣树叶染乌米图

的清甜，连忙定睛细看，原来自己摘的是一丛矮树上的叶子。目莲又摘了几片叶子，在手里揉搓数下，低头细闻依然是一股清香，同时手指被染成了黑色。目莲大喜，心里生出了一个给母亲送饭的好办法。目莲又连忙摘了些树叶，回家后把他们捣碎，取其黑汁，用乌黑的叶汁浸米一天，最后蒸成乌黑如炭的米饭，再次给母亲送去。那些饿鬼们看到这乌黑之物，不再抢夺，这一次目莲的母亲终于吃上了饱饭。目莲也终于救母亲，脱离了饿鬼道。

为纪念目莲救母的孝心，人们就在每天立夏这天摘“乌饭草”蒸“乌米饭”，立夏吃乌米饭的风俗便形成了。据说，吃乌米饭还能祛风败毒，连蚊虫也不会叮咬了。

防雷电的“入伏面”

——夏至美食

“吃了夏至面，一天短一线。”夏至吃面的习俗，由来已久。

夏至后第三个庚日为初伏，第四庚日为中伏，立秋后第一个庚日为末伏，总称伏日。伏日人们食欲不振，往往比常日消瘦，俗谓之“苦夏”。夏至虽不是夏天最热的时候，但表示炎热的夏天已经到来。人们从夏至开始改变饮食，以热量低、便于制作、清凉的食品为主要饮食，面条通常为一般家庭的首选。所以，夏至面也叫做“入伏面”。

在古代的时候，一般到夏至人们都会举行祭祀仪式，祈求苍天保佑灾消年丰。《周礼·春官》载：“以夏日至，致地方物魈。”周代夏至祭神，意为清除疫疠、荒年与饥饿死亡。

因夏至新麦已经登场，所以夏至吃面也有尝新的意思。从营养学的角度来看，夏至前后是麦子丰收、新面粉上市的时候，新鲜面粉里的营养成分较高。过去，人们在这个时候多吃面，一方面是庆祝丰收，另一方面也可以从新面粉做成口感很好的面条中汲取丰富的营养成分。

作为汉族风俗，夏至吃面流行于全国大部分地区。

夏至面

清代潘荣陛《帝京岁时纪胜》:“是日,家家俱食冷淘面,即俗说过水面是也。”另外,还有一句民谚说:“夏至多吃面,出门防雷电。”

由此可见,夏至吃面一是消灾祈福;二是口福营养,真是不得不吃的神奇之面。

“贴秋膘”

——立秋食俗

一春一秋，对民间百姓来说活动最多，食物也最丰富。

立春时，我们知道了中国人对春的“迎”“拜”“打”“咬”“煨”“戴”……立秋的活动，也毫不逊色，对秋“戴”“摸”“拜”“啃”“咬”“贴”“补”“尝”等。

“立秋之日凉风至。”熬过了漫长的炎炎夏日，人们有了食欲，所以立秋这天的活动多和吃有关，尤其是吃肉为主，即“贴秋膘”。

在立夏，民间有“秤人”的习俗。作为参照和对比，立秋也要秤人，并和立夏的数字对比，来看一看经过整个“苦夏”后，个人的胖瘦如何。当然，在过去的生

贴秋膘的红烧肉

啃秋桃贴秋膘

活条件下大多数人都会瘦点的。瘦了就要“补”回去。怎么补呢？首选是肉。

“以肉贴膘”，主要指的是炖肉。

立秋这天的炖肉，做起来很讲究。一大早，家里的主妇就要去市场买一大块新鲜的猪后臀尖肉，带回家洗净，切块。这时候锅里已放好了水，投入肉块，再放葱、姜、蒜、花椒、大料、料包、大酱、盐等，用文火满炖。炖肉用的料包，也很讲究，里面包含丁香、肉桂、桂皮、香叶、木香、凉姜、白芷、陈皮、豆蔻、砂仁、桂圆、小茴香、甘草等20多种中草药香料。

时间不长，锅里开始冒出扑鼻的肉香，这股香味萦萦绕绕，飘满整个村庄。

在立秋这天，除了“贴秋膘”的大鱼大肉外，还有一种“啃秋”习俗，主角是瓜果桃李之类，有些地方也叫“咬秋”。

“啃秋”啃的是什么呢?

民间俗语说:“你吃桃,我啃瓜,也有人吃豆腐渣。”

“啃秋”,首选的食物是西瓜。人们相信夏末秋初时吃西瓜可消除暑日积结的淤气,免除腹泻、疮疖等疾病。立秋吃西瓜,用西瓜啃去余夏暑气,啃下“秋老虎”,迎接凉爽的秋季,是与西瓜的告别仪式。

除了西瓜外,还有人吃桃子。

啃秋桃就是在立秋时大人孩子每人都要吃一个秋桃,吃完之后把核保留下来。等到除夕这天,把桃核丢进火炉中烧成灰烬,据说这样就可以免除一年的瘟疫。

此外,山东一些地方,在立秋这天还流行吃用豆末青菜做成的豆腐渣,并有“吃了立秋的渣,大人孩子不吐也不拉”的说法。

总之,立秋又“贴”又是“啃”,是个大吃特吃的节气。

神医和饺子

——冬至食俗

作为曾经的“岁首”，冬至一直很受重视。在古代，冬至还曾放假三天从天子到农夫全体休息，热热闹闹过冬至节。

过节当然少不了吃的，在冬至，有一种食物，无论贵贱贫富都是一定吃的，那就是饺子。民间俗语说：

“十月一，冬至到，家家户户吃水饺。”

“冬至饺子夏至面。”

“冬至不端饺子碗，冻掉耳朵没人管。”

包饺子

最后一句，说的就是冬至吃饺子的由来。冬至吃饺子的习俗和医圣张仲景有关。

饺子

张仲景，东汉南阳人，自幼苦学医书，博采众长，著有《伤寒杂病论》，被历代医者奉为经典。张仲景不但医术高明，而且医德高尚，留有名言“进则救世，退则救民；不能为良相，亦当为良医”。

张仲景任长沙太守时，常为百姓除疾医病，深得当地百姓爱戴。后来年龄大了，告老还乡，回到故乡河南南阳。张仲景到南阳那一天，正值深冬，一片冰天雪地。张仲景看到乡亲们饥寒交迫，个个面黄肌瘦，不少人的耳朵都冻烂了。原来当时伤寒流行，病死的人很多，见此情形张仲景非常难受，决心为乡亲们做点什么。后来他在南阳东关搭起了医棚，支起大锅，把羊肉、辣椒等一些驱寒药材在锅里煎煮，熬成后称之为“祛寒娇耳汤”，并分给乡亲们饮用。喝完汤后，张仲景又把煮熟的羊肉、药材等捞出来切碎，并用面皮包成耳朵状的“娇耳”，分给乡亲们吃。人们在张仲景的药棚下，每人一碗“祛寒娇耳汤”、两只娇耳，又吃又喝，只觉得浑身发热、血流通畅、两耳变暖。

百姓们吃了医圣的“娇耳”，喝了“祛寒汤”，抵御了伤寒，冻伤的耳朵也都治好了。后来，人们也学着张仲景的样子，包起了“娇耳”，并煮食。日久成俗，这种食物就流传了下来。

因为各地域不同，这种食物还有“饺子”“扁食”“水饺子”“水点心”等名字。冬至吃饺子，也就成了后人感怀医圣张仲景的救治之恩、纪念医圣乐善好施美德的一种传统节气习俗，并流传至今。

文史小知识

“饺子和馄饨，原是亲兄弟”：在冬至这天，北方多吃饺子，而南方则流行馄饨。关于冬至究竟吃饺子还是馄饨，南方人和北方人各抒己见，争论不休。

据历史记载，在古代饺子和馄饨其实是同一种食物。古人认为这是一种密封的包子，没有七窍，所以称之为“混沌”，和水饺并无区别。直到唐朝后，馄饨在南方发扬光大，有了自己独立的口味和风格，饺子和馄饨才正式被区分开。

第七章

和谐的二十四节气

当我们说起二十四节气，事实上唤醒的是一个曾经的人类生活系统。它并非仅仅在讲述气象变化、时令划分，也在讲述着人和人、人和自然、人和宇宙的关系以及由此应运而生的生命观和世界观。

无论如何，人们总是在自然中生活，在时间的交替中生活，并随着季节的变化而改变着。

这一点，万古不移。

故，和谐即大善。

顺时，才养生。

迎“春秋”，拜“天地”

——二十四节气中的自然观

二十四节气中，有八个骨干节气：即“两分两至”和“四立”。这八个节气是最先被发现的，是整个节气系统的八个关键点，进而又演化成了古人一年中重要的八个节气习俗。

首先是对“四立”的盛大迎接，四季初立的这一天，得到上至天子、下至百姓的郑重对待。

立春这一天，天子亲率三公九卿众大夫们出宫门，浩浩荡荡地去东郊举行迎春大典。因为春神为青帝句芒，所以从天子到百官、乃至宫女随从，全都身着青色服装，天子配青色玉佩，一应车马仪仗也为青色。青色，是春天的颜色。古人首先在颜色上，对司掌季节的神灵表示了依顺和恭敬。盛大的迎春仪式后，天子颁布仁政、选拔贤良、赏赐功臣，以此来遵循春季主仁主生发的节令原则。

春天远去，夏天来到。立夏节，天子和文武百官又迎夏于南郊。司掌夏季的是赤帝祝融，天子诸臣们的服饰统一为红色，配红色玉佩，骑红色马匹，执红色依仗，红彤彤一片赤红色之中迎接夏神的驾临，祈求这年夏粮的丰收。

繁茂热烈的夏天离开，立秋节气，古人又以盛大的仪式迎接白帝蓐收的到来。这一天，天子穿的是白衣，配的是白色玉佩，骑白马，率领身穿白色衣服的文武百官、侍卫随从，来到西郊迎接秋神。

立冬节，天子和诸臣们换上了黑色服装，配黑色玉佩，骑黑色马，配黑色依仗，去北郊迎冬。

“四立”如此庄严，“两分两至”也是如此。

春分祭日，秋分祭月，是古代的国之大典。清代潘荣陛《帝京岁时纪胜》中曰：“春分祭日，秋分祭月，乃国之大典，士民不得擅祀。”

冬至祭天，夏至祭地，则比祭日祭月更为隆重盛大，尤其是冬至的祭天仪式。冬至前一天，皇帝移驾斋宫，进行沐浴，次日在圜丘举行祭天大礼，所用牛、羊、猪、鹿都是在牺牲所专门饲养的。祭天时，必须穿祭服，升火悬灯，乐奏钟鼓，唱迎神曲，请神牌，行大礼，祈求天神保佑国泰民安。天子祭天，民间百姓也有祭祀活动，感谢神灵保佑，祈求来年的丰收和安康。

古人对天地自然是尊重恭谨的，天地育化万物，人受其恩泽才得以生存，所以谦恭有礼待之，心怀敬畏，敬天守时才能长久。

“阴阳流转，否极泰来”

——二十四节气中的世界观

二十四节气，起源于中国黄河流域。黄河流域四季分明的气候特点，在传统文化中有显而易见的映照和体现。

一年四季，春夏秋冬，暖热凉寒，轮转反复。

春天温暖湿润，酷夏暑热难当，秋季干燥凉爽，冬季冰天雪地、滴水成冰。在一年的光阴里，季节不断发生着变化。于是古人说：在这世界上，没有什么东西是绝对不变的，一切都在滚滚变化和此消彼长的圆融之中。于是世界变成了两股截然不同又相互依附的力量，不断对抗与和解，中国人的世界是一个变化中的“圆”。“阴阳流转、否极泰来、循环不失”，由此生出了中国人特有的世界观以及思维方式。

以“冬至”为例。

冬至，“至”是极致的意思。在古人的看法中，冬至为“阴极之至”，就是冬藏之气到底到达了极点，天地处于极寒的本性中。

《礼记·月令》说：

冰益壮，地始坼。鹖旦不鸣，虎始交。天子居玄堂大庙，乘玄路，驾铁骊，载玄旗，衣黑衣，服玄玉。

是月也，日短至。阴阳争，诸生荡。君子齐戒，处必掩身。身欲宁，去声色，禁耆欲。安形性，事欲静，以待阴阳之所定。

这就是冬至的景象，天寒地冻，肃杀沉寂，百鸟不鸣，兽禽蛰伏，天地之间一片黑色。这种描绘是真实的，以其他文化观念来看，“冬至”差不多就是如此。然而在中国传统文化的视角中，还会有一个转折——然而。“然而”，古人话锋一转，眼前这片“阴极之刻”，又恰是“阳气始生”之时。这就是中国传统文化典型的思维方式。阴阳交锋，此消必会导致另一种力量的生长。“阴”的黑暗力量长到极点时就会消退，“阳”的光明温暖开始生长，并会逐渐取代“阴”的极寒本性，正是“否极泰来”。所以古人尤其重视冬至，“冬至大如年”，在这一天举行各式礼拜、祭奠仪式，原本一个冷寂肃杀的节气，成为一个协调融洽的节日。

这就是中国人独特的一种思维方式，无论看待世界，还是审视世事，都常常用一种流转变化的角度来理解和把握。这也造就了中国人乐观豁达的精神，“祸兮福所倚，福兮祸所伏”，所以没有真正的“坏事”，也没有真正的绝境。事到了“否极”之境，也预示着“泰来”的转机。

换成现代语言说：“冬天已经到了，春天还会远吗？”

“养幼小，存孤独，以通句萌”

——二十四节气中的生命观

二十四节气，在天是日月星辰循环反复，在地是花草树木、鱼虫鸟兽的繁茂枯败、活跃蛰伏。借助二十四节气，古人在天地间找到了自己的位置——天地之下，万物之中，和一切生灵和谐共处，圆融共存。

于是天地的运转规律，又演化成一种人间的法则。

春天，是万物生发的季节。草木萌芽、鱼禽生长、动物哺育，所以古人也以此为春天的行事规范。立春节气，天子除了举行盛大迎春仪式外，还要颁发各种春季政令，昭示德泽恩惠之意，比如：在春天不可以砍伐树木，不准捣毁禽鸟巢穴，不许捕杀怀胎的母兽和幼小的麋鹿，渔船、渔网等捕鱼工具等要上缴，并且还严令规定不准百姓们“掏鸟蛋”。朝廷如此，民间也是如此。

唐代诗人白居易写过一首《护生诗》，千百年流传于人间：

谁道群生性命微，一般骨肉一般皮。
劝君莫打枝头鸟，子在巢中望母归。

诗里说，别去伤害枝头的那些鸟儿了，它和我们人类一样，也是有血有肉的生命，也会有痛楚和恐惧。当一只外出觅食的母鸟死于人类之手后，你可曾想过，还有一窝嗷嗷待哺的雏鸟们在巢中正苦苦等待母亲的归来，一声又一声地鸣叫着，声声凄切无助。

“命有司，省囹圄，去桎梏，毋笞掠，止狱讼，养幼小，存孤独，以通句萌……”在春季，天子还会命令主管官员赦免轻罪囚犯，去除他们的手铐脚镣；停止拷打刑罚，调停诉讼争端；养育幼儿，扶助孤儿和孤老。这些法则、政令的目的，就是遵循春季生发的节气原则，让万物在春季得以萌发生长。

到了秋季，天地肃杀，古人施行另一种法则。

“申严百刑”“毋留有罪”。在秋天，要严惩犯罪，督促判决刑案，不留下有罪当杀的人。“秋后问斩”在古代最为常见，在汉代用法律规定，刑杀只能在秋冬进行，唐宋到明清，同样执行着秋冬行刑的天道。与此并行的还有“沙场秋点兵”，部族与部族之间，国与国之间的争夺厮杀，多少生命在战争中消亡。

为什么要在秋天杀戮和惩罚？因为古人认为秋天是个肃杀的季节，春夏施恩，秋冬行刑，是遵行了天道。另一方面，秋天的扫除和肃清，也是为了来年春季的更好生发。

《淮南子·时则训》总结说：“明堂之制，静而法准，动而法绳，春治以规，秋治以矩，冬治以权，夏治以衡，是故燥湿寒暑以节至，甘雨膏露以时降。”春天感奋万物而秩序井然，发动万物而开通有序，宽容平和，广大而兼容。秋天则肃重刚正，威严征伐。

古人认为，只有这样才能使冷暖以节气轮转，雨露按时节降落，才是把生命规范于节气、“天道”之下，从而使生命获天地恩惠与规范，从而繁荣昌盛，生生不息。

天人相通，息息相关

——二十四节气中的养生观

中国传统医学认为：我们的生命之气，是和天地之气相同的。所以要获得身的健康、灵的宁和，就需要和自然律动合拍，遵循自然规律，根据节气的不同而调整自己的日常起居。

这就是传统观点中的“天人合一”或“天人相通”。

“天人相通”，也是中医养生的核心理论之一。

日月运行，阴阳流转。

逆时，生疾病；顺时，则长安康。

饮食养生

在二十四节气的时序里，世界是浑然一体的。天地禀气而生，人也禀气而生，都需遵循一个共同的阴阳法则。遵照当下节令的阴阳变化，调整自己的行为，挑选合适的食物，即为养生。

以立春为例。

立春是一年中的第一个节气，“立”即开始之意，立春揭开了春天的序幕，表示万物复苏春季的开始。

那么作为自然界一部分的人类，身体也经历着一个阳气始生的阶段。按照传统中医角度，人体内的“阳气”，正如大地原野上新萌生的嫩芽，需要细心保护和滋养。所以春季养生着眼于一个“生”字，按照自然界属性，春属木，和人体内的肝相应。肝的生理特点，主疏泄。

烤山芋

春季饮食，就要考虑人体阳气初生，多吃一些辛甘发散之物。这样可以帮助身体“阳”的生长，利用大自然春季“发陈”之时，借人体新陈代谢旺盛之机，通过适当的调养，使春阳之气得到宣达，代谢机能得以正常运转。

所以，立春吃一些辛温发散的食物最好，比如大枣、豆豉、葱、香菜、花生等。

依此理推，对照二十四节气，追随自然界变化，就能找到最有益身体健康的食物。

另一方面，从二十四节气的节令美食上，也可以体会健康饮食的内涵。

在春天，多以绿叶野菜为主，唤醒身体内的自然生机；夏天则以清淡降火的食物为主角，以消除炎热带来的身体机能损耗；秋天以营养丰富的鱼肉贴膘，所谓补秋；冬天更进一步，种类更加繁多，添加各种高营养高热量食物，使人们具有抵御寒冷的能力。

关于节气养生中饮食部分，总结为四个字就是："顺时而食"。

睡眠养生

午梦

〔宋〕陆游

苦爱幽窗午梦长，此中与世暂相忘。

华山处士如容见，不觅仙方觅睡方。

古人的这首养生诗里说，"我"非常喜欢在幽暗的窗下睡个长长的午觉，梦里把这个世界的所有纷扰和烦恼都忘记了，醒来觉得身体舒展、精神舒畅，令人十分满足。如果有一天，我能见到华山处士陈希夷的真容，我并不会去向他讨什么长生不老的仙方，而是要向他讨教睡个好觉的方子。

由此可见，对养生来说，睡觉是多么重要的一件事。

那么结合二十四节气，一年四季的睡眠该是怎样的呢？

我国最古老的医学经典著作——《内经》中，对一年四季春、夏、秋、冬的睡眠时间做了这样的提倡：

"春者，天气以生，地道初萌。当夜卧早起……"

这就是说，春天是个生发的季节，所以人也要遵循自然规律，不要懒惰，尽量多运动。所以，在春天“晚睡早起”是一个比较符合中医养生观念的睡眠方法。

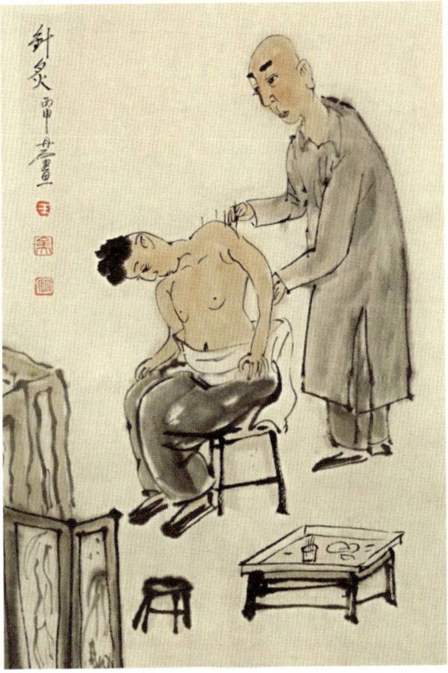

针灸

“夏者，天地交化，品物华实。早卧早起……”夏天，万物茂盛，欣欣向荣，所以应该早睡早起，和这个充满热情的季节一样朝气蓬勃地开始每一天。

“秋者，风气大动。地气显明。早卧早起……”在秋天，中医也提倡早睡早起，然而早睡早起的内在理由又和夏天不同。秋天是个肃杀之气正重的时候，阳气难收而阴气显盛，所以要早睡早起，以缓和秋天的肃杀之气。

“冬者，万物闭藏，水冰地坼。早卧晚起……”自然界的许多动物都要冬眠。因为冬天是万物休养生息的季节，人类虽然不需要冬眠，但可以适当早睡晚起，和天地一起休养生息，为来年做储备。

运动养生

“生命在于运动。”

中国传统意义上的“运动”，和现代人常说的“运动”又有所不同。现代人对运动的理解，一般就是各种健身、高强度锻炼的过程，如跑步、游泳、搏击等之类，而古人所说的“运动”则更倾向于一种舒缓的活动。

在古人看来，无论天体运转还是时空移动，总是舒缓平稳的，都是一种渐变的过程。太阳东升西落是徐缓移动的，春天的温暖，冬天的寒冷，同样是渐渐变化而来。那么追随自然规律来运动养生，同样要遵循“徐”“缓”的规律。所以古代医书《保生要录》说：“养生者，术要小劳，无至大疲，水流则清，滞则夸。”

在《内经》里，对四季的运动养生也强调了一个“缓”字：“缓气徐行”“迎日缓行”“静立庭外”“缓步于庭”。

“缓”是缓慢，是不急不躁、徐徐而动。

春天阳气初生，需要得到保护，所以要平息徐行，把呼吸调整均匀后有节奏地散步，在无限美好的春光之中通络筋骨，让四肢变得灵活。这种运动，更像是一种内部的舒展，好让阳气有更顺畅的通道，有足够的生长空间，以此来保障生命之气的舒畅无滞，身体机能得以良好运转。

夏天则是“迎日缓行”，在晨曦中迎着朝阳平缓行走，身体微微出汗，让皮肤毛孔通透，从而散出体内的暑热。

秋天则“静立庭外”，以静养心。

跳绳锻炼

冬天“缓步于庭”，起床后，并不走远，而是在院子里慢慢行走。因为秋冬是敛藏之时，不宜张扬，不宜外露，阴盛寒冷之时，运动的宗旨就以不打扰或搅乱身体的阳气为准。所以，在院墙之内慢慢踱步才更相宜。

“春捂秋冻”

生活中，人们常说“春捂秋冻”，善于着装也是增强健康的途径之一。

那么，“春捂秋冻”有什么节气之理？

春季阳气初生、万物复苏，初生的“阳气”，就像刚萌芽的小苗一样，还很娇弱细小，无法抵御早春的寒冷，所以人也要想办法保护体内刚萌发的“阳气”。

再者春天刚开始时有个特点，气温变化无常。尽管气温已在逐渐回升，可是有时候还会突然来个“倒春寒”。如果过早脱掉了厚衣服，那么体内的“阳气”就像刚萌生的嫩芽突然离开温室暴露在严寒之下，刚萌发的生机就会被扼杀，人的身体就会受到损害。

“秋冻”，就是说秋季，天气转凉时，不要过早穿上厚厚的棉衣，把自己捂得太严实。

古人认为，到了秋季，气温转凉，大自然阳气潜藏，人体阳气也随之转入收敛状态，只有很好地收藏，来年才能有生发的基础。适当“冻一冻”，有利于阳气的收藏。

此外，按现代医学观念，秋季的适当“冻一冻”，可以给人体一个慢慢适应寒冷的过程，从而增强身体自我保暖和御寒的能力。

“养心”养生

人类的可贵之处，在于并非只有身体的活动，还有精神、思维等无形之物在时刻运行。

这种“精气神”或者“灵”在流转、运行之中，依然和节令发生着相通相应，同样应该遵循自然的律动，根据各自节气不同的特点而进行情绪的自我疏导或建设。

中国传统养生观念中，运动多提倡“缓”，养心则多提倡“静”。

尤其在肃杀之秋、敛藏之冬，更应如此。

静，则天地广。

也就是说，不管在什么季节，心神都要静。神不能乱，志不能移。比如秋季，衰杀之气被人感知，很容易转化为一种悲意。诗人叹息："悲哉，秋之为气也。"心上有秋即为愁，大自然的秋气，勾起人心中的愁绪。"秋风秋雨愁煞人"，诗句很美，然而和养生却是相悖的。现代医学早已证明，心灵上的抑郁、愁苦，常常影响身体机能的正常运转。中国古人直觉地感知到了这一点，《内经》说，在秋季人们要"平心静气，内守神思，静立庭外，以缓秋刑"。

糖炒栗子

与此同理的，还有立冬节气的"冬补"。

立冬，"立，建始也，冬，终也，万物收藏也"。虽然立冬仅是表示冬季的来临，并非真正冬季的开始，然而在传统观念中，"终"即为结束。中医学认为，这一节气的到来是阳气潜藏，阴气盛极，草木凋零，蛰虫伏藏，万物活动趋向休止，以冬眠状态，养精蓄锐，为来春生机勃发作准备。

我国最早的医学经典著作《黄帝内经·素问·四季调神大论》中指出："冬三月，此谓闭藏，水冰地坼，无扰乎阳，早卧晚起，必待日光，使志若伏若匿，若有私意，若以有得，去寒就温，无泄皮肤，使气亟夺，此冬气之应，养藏之道也。逆则伤肾，春为痿厥，奉生者少。"这段经文告诉我们，冬天是天寒地坼，万木凋零，生机潜伏闭藏的季节，人体的阳气也随着自然界的转化而潜藏于内。因此，冬季养生应顺应自然界闭藏之规律，以敛阴护阳为根本。在精神调养上要做到"使志若伏若匿，若有私意，若以有得"，力求其静，控制情志活动，保持精神情绪的安宁，含而不露，避免烦扰，使体内阳气得以潜藏。

现代人常说"冬令进补"，每逢这天，人们都以不同方式进补山珍海味，说只有这样到了寒冷的冬天，才能抵御严寒的侵袭。事实上，当我们从阴阳之气和节令内涵来看，"冬令进补"主要是"补心"。古人提倡的"冬补"，是以修身养性为主。

无论养心还是养性，说到底还是在养生。

第八章

传承二十四节气

“本与东风旧相识，一回相见一回新。”

时空斗转星移，节气周而复始，历史永远向前。

二十四节气中，有我们并不十分遥远的过去，有现在，还有那必定会到来的将来。

传承过去，为的是建设一个更美好的未来！

二十四节气的世界

二十四节气列入人类非遗，让我们倍感自豪。与此同时，也把一个共同的疑惑推到了人们面前：随着社会的发展、科技的进步，农耕时代远去，用来指导农业生产的二十四节气，对现代人还有用吗？

答案是肯定的。

我们已经知道，作为农事指导，二十四节气被使用和传承了数千年，曾经创造了世界巅峰的农耕文明。近代，随着工业社会的发展，农业立国的历史已经渐渐远去。诚然，农业在现代社会失去了古代举足轻重的地位，然而作为人类生存的食物来源，农业必然要伴随人类整个历史，虽然其生产形式、管理方法会发生翻天覆地的变化。然而作为农业指导的二十四节气，对农业生产依然具有一定的借鉴和继承价值。

而且，二十四节气并非仅是农事指导。

二十四节气的时空下，被徐徐打开的是一个丰富多彩的世界：科学，诗意，有趣，美食，智慧……

在这个天造地设的世界里，人类和日月星辰还未疏远，和自然生物耳鬓厮磨，和一切都有着亲切而熟稔的关联。在那个自然圆融的世界中，人在天地间有一个笃定的位置。因为“定位”明确，才懂得了敬畏、节制，在行动中实践“天道”，襄助生灵，有了一套适应于天地自然规律的人间法则。

要顺天时。春天万物生发，所以春天不砍树、不打猎，祭祀不用母禽。冬天万物蛰伏、休养生息，不大兴土木、不调动众多民众服劳役。要知礼守节。“冬至前后，君子安身静体，百官绝事，不听政，择吉辰而后省事。”什么节气做什么事，做什么事守什么礼。感恩天地育化，感谢尊长教养，对自然敬畏，对生命爱惜，勤劳守礼，不觊觎他人果实。在盛夏芒种前后，田野里的庄稼成熟，不要没事到别人田头整理鞋子，以免造成偷盗别人劳动成果的误会，这也是“非礼勿履”的一种具体细节要求。

以二十个节气来规划和感悟的生活，是细腻的，也是丰富的。

什么是春天?

阳历说，通常3—5月为春季。

候温学说，平均气温从10℃升到22℃就是春季。

对二十四节气说，春天的概念是非常灵动立体的：当东风开始解冻，河里的冰变薄，春天就在来的路上了；当桃花盛开，黄鹂鸟发出美妙的歌声，天空中不再有鹰的身影，而斑鸠开始求偶时，春天就更近了；当燕子从南往北飞，雨大出现了雷电，春天已经来到了我们身边……

这么说不是争个上下，比个优劣，而是说在二十四节气划分的时空下，生命带给我们的体验会有所不同。

清明油菜花开

让二十四节气“活”在我们的生活中

严格地讲，二十四节气并未“死亡”，它只是被淡忘、疏远或漠视了。因为我们对它，已经没有了古时的迫切需要。

在工业时代，越来越多的人离开了土地进了工厂，从山谷树木之间搬进了高高的楼房，有了日历、电脑、手机、网络、APP，时间随处可以查询，不用去观星辰量日影，也不需要去观察物候来判断季节。于是，人和自然有了隔阂，节气也就成了记忆中模糊的影子，成了生活中可有可无的存在。

比如蔬菜，在古代是只能按节气来食用的食材之一。春天吃各种现挖的野菜，一是应季，二也是因为这是青黄不接的季节。夏秋两季蔬菜种类最丰富，有许多种选择。到了冬季，北方主打蔬菜常常是大白菜，食材品种变得相对少得多。然而现代科技水平的发展，让人们几乎一年四季都有各种蔬菜可选择。于是人们觉得曾经的节气似乎已不那么重要了，然而大部分人都忽略了：即使在温室、大棚中，现代种植户们所借鉴的种植经验，有相当一部分依然来自二十四节气。换句话说，其实二十四节气至今仍然存在于我们的生活中。只是对脱离了农业耕种的大部分人来说，它们已不那么醒目了。

然而，困于钢筋水泥中的人们对当下的生活也并非十分满意。生于自然的人类，因为与自然的这种隔阂而感到几分苦闷、烦躁和隐隐的不安。事实已证明，久居城市的人们对自然有种无法遏制的乡愁。现代人们即使是短暂出游，到青山绿水间，在花草树木间徜徉半日，也能明显感觉到身心得到了一种释放，重新有了生命的能量。

所以，当代表着田园生活的二十四节气以"人类非物质文化遗产"的身份重新进入我们的视野时，并不是涅槃重生，而是一个温情的提醒："嗨，其实还有另一种生活可以同时存在。"

春天时，我们不必只在电脑里隔着屏幕匆匆一瞥，可以走出门去，到田野旁、柳树下，看一看春天怎样以一种生机勃勃的景象感染和鼓舞着万物的生长。

夏天，我们同样可以时常离开空调间来到室外，在烈日之热中感受水的清凉、风的可人，理解生命的热烈和顽强。

秋天来了，去看看那落叶萧萧的场景，看枝头果实饱满的光泽，闻一闻麦田的清香，感悟春华秋实的自然真谛。

冬天，去体会天地间的凛冽，看看风雪，那也是一番风景。

大自然一直都在那，并未远走，选择远离的是我们。

在大寒节气里，有一位古代中国诗人写道："寻常一样窗前月，才有梅花便不同。"窗还是那个窗，月还是那个月，但是若有一枝傲梅横斜，那么这一刻的生命感受就得到了丰富和充实。或许，二十四节气就是现代人窗外的那枝"梅"。

“取精华去糟粕”，才能发扬光大

二十四节气并不是完美的。

就像没有完美的科学技术，也没有完全符合天体运转规律的历法(包括现在全世界通用的公历)，没有放之四海而皆准的经验……世间万物皆有缺陷，二十四节气也是如此。

我们已经知道，二十四节气起源于数千年前的古代，定型于2000多年前的秦汉，应农耕时代的时令需求而产生，并作为农事指导被使用和传承至今。在这千百年的传承过程中，因为古代科学的不发达和整体文化教育程度的不高，里面多多少少伴随了一些不科学的认知，以及一些迷信内容。

比如，有的人相信某个节气会影响婚丧嫁娶。事实上，二十四节气只是古人对一年时节气候的变化总结，和世间的婚恋情感等并没直接的关系。

再者，古代对七十二候的解读中，也伴有主观联想和附会的成分，尤其是天象和世事的联系解读，在那些附会的部分中，有一些现代人看来尤其好笑。

我们已经知道，立冬有三候：“水始冰，地始冻，雉入大水为蜃。”意思就是，从这一节气开始，水已经能结成冰了，土地也开始结冻，一种野鸡差不多的大鸟不见了，海边出现了一种与其颜色相似的大蛤。那么如果三候不应会如何呢？古人的说法是这样的：如果立冬时水面不能结冰，则是表示阴气不足；地面不封冻，就是灾祸的征兆；如果雉没有消失而大蛤没有出现，那就表示社会上将会出现很多淫荡的女人。最后一条的牵强附会，真是让现代人哭笑不得。

再举个雨水的例子。

《逸周书》里说："雨水之日，獭祭鱼，又五日，鸿雁来，又五日，草木萌动。獭不祭鱼，国多盗贼，鸿雁不来，远人不服，草木不萌动，果蔬不熟。"事实上，在这三候的解读中，既有合理的观察，也有主观的臆想。如"草木不萌动，果蔬不熟"就比较合理，到了雨水节气，按规律地气上升，温度升高，草木开始萌芽了。如果没有，说明温度偏低，或者遇到了比较反常的春寒，那么植物生产的时间就不够，也就导致了后面的无法成熟。"鸿雁不来，远人不服"，是说到了雨水节气，鸿雁不向北方飞来，远方之人有不臣服之心。其实这依然是温度的关系，由此联想到人的背叛，就有些牵强附会了。"獭不祭鱼，国多盗贼"也是如此。

这些迷信内容产生的原因，有几个方面的需求。统治者的某种政治目的的说辞、司掌官员的某些"蒙混"取利、民间的以讹传为等等，但是我们更应该看到的是古人努力地在天象和人事之间建立联系，因为经常会遇到一些难题，一些无法解释的现象，他们受限于当时的科学水平，于是才有了主观的联想和附会。

所以传承不是全盘接受，而是甄别后的继承。

取其精华去其糟粕，才是后人该有的态度，才是真正的传承。

小暑赏荷花

传承过去，是为了更好地建设未来

春耕，夏耘，秋收，冬藏。

华夏先民从大地上走过，创造了一片璀璨文明，留下了一首千年牧歌。

这是中国人才有的时间印记，二十四个自然密码。每一次四季轮回，都是新旧交替；每一节气的时光，都在变化中前行。

我们学习、了解、传承二十四节气，不是为了回到过去，

唱响二十四节气歌

而是为了走向未来。

每一个民族对其自身传统文化的了解和继承,都是在回答两个问题:我们从哪里来?我们要到哪里去?

国与国、民族与民族、家与家、人与人的划分,有时并非只是地理位置的差异、门牌号的不同,还有一种精神和文化上的个性化和独特性。包括二十四节气在内的人类非遗,和中国儒家文化、道家文化、佛教文化等,共同构成了中华传统文化的基石。有了它们,我们才能给自己一个文化上的"定位",才能让我们更客观、深刻地了解自己。

同时,了解过去,也是给"现在"提供一个参照。

当我们感叹于古代中国的辉煌,折服于祖先们的智慧时,内心生出的自豪和自信,也会在潜移默化中升华为精神力量,从中获得勇气,得到滋养,从而走好脚下的路。

说到底,了解过去,是为了更全面地认识当下。而传承过去,是为了建设一个更好的未来。

春雨惊春清谷天,夏满芒夏暑相连。
秋处露秋寒霜降,冬雪雪冬小大寒。

这首已经传唱了千年的田园牧歌,不会就此戛然而止,而是继续回荡于天地之间,让华夏古文明继续闪烁于未来的世界文化星空!

国家传承二十四节气的五年计划

《二十四节气申遗片》解说词中“四时佳兴”，就是我们传承二十四节气的五年计划。

为确保该遗产项目的代际传承和可持续发展，在相关社区、群体和个人的广泛参与下，我们拟在未来5年的行动计划中，采取以下保护措施：

五年行动计划(2017—2021)

定期在社区内组织交流活动，举办培训班；
建立一批传习基地，完善传承机制；
开展调查和记录，实施数字化建档；
提交保护和传承情况报告，保护和修缮相关实践场所；
依托互联网开设专栏，提升可见度和保护意识；
征集相关文物和实物，举办专题展览；
编写中小学课外读物，促进代际传承；
举办学术研讨会，出版学术成果，增进对话与交流。

后 记

历经数月,几度删改,我们的这本小书终于完稿了。

在决定撰写这本书前,我们曾做过一番调查,发现市面上介绍二十四节气的书可谓不少。这些书,或从民俗角度阐述,或以文化立场为解说,或以养生保健作为内容……其中不乏专家的学术著作、文人学者的随笔散文,各有其不同的侧重点和立场。随后,我们又随机采访了一些青少年朋友,和他们一起聊天讨论。在这其中,他们的一个共同看法吸引了我们的注意:人们想看的是篇幅短小、内容轻快又带些趣味性的书,最好在轻松愉快中获得一些相关知识。就这样,我们为这本二十四节气读本找到了一个方向,定下了基调。

于是,开始了全方位收集资料,历史古籍、官方介绍、当代读物……从民谚俗语到文学艺术、从南到北、从古到今,做了一次尽可能详尽的资料准备工作。此后,才开始动笔,分别从科学、民俗、文艺、美食、养生等角度以小篇幅连缀的方式来介绍一个全新的二十四节气,完成了这本书基本框架的构建。

我们的这本小书,算不上一盘文化大餐,也不敢妄称别具一格,我们所做的无非是从浩瀚的华夏文化中,挑选、撷采、润色,并按照自己的"配方"把它们炼制成一件希望有益于读者的文化小品。

在四大名著《红楼梦》里,薛宝钗有一味清热平喘的"冷香丸",它的制作过程是这样的:"要春天开的白牡丹花蕊十二两,夏天开的白荷花蕊十二两,秋天的白芙蓉花蕊十二两,冬天的白梅花蕊十二两。将这四样花蕊于次年春分这日晒干,和在药末子一处,一齐研好;又要雨水这日的天落水十二钱,白露这日的露水十二钱,霜降这日的霜十二钱,小雪这日的雪十二钱……"

我们这本小书,也愿做二四节气这一浩瀚文化中的一粒小小"冷香丸",唯愿这份精挑细选的二十四节气小文集,为您的生活增一份色彩,添一缕香气。

感谢无锡市民间文艺家协会主席潘基峰先生对本书的厚爱和支持!

编者

附　录

定格中国的人类非物质文化遗产

中国是一个多民族文化古国,悠久的历史和灿烂的古代文明为中华民族留下了极其丰富的文化遗产。至2004年,中国加入联合国《保护非物质文化遗产公约》以来,截止到2015年12月,中国已有以下世界级非物质文化遗产项目:

人类非物质文化遗产代表作名录(30项):

1.昆曲(2001年入选)

昆曲又称昆腔、昆山腔、昆剧,是元末明初南戏发展到昆山一带,与当地的音乐、歌舞、语言结合而生成的一个新的声腔剧种,风格委婉细腻、流丽悠长。

2.古琴艺术(2003年入选)

古琴是中华民族最早的弹弦乐器,以其历史久远、文献瀚浩、内涵丰富和影响深远为世人所珍视。

3.蒙古族长调民歌(中国、蒙古跨国项目、2005年入选)

蒙古族长调蒙古语称"乌日汀道",意即长歌,它的特点为字少腔长、高亢悠远、舒缓自由,宜于叙事,又长于抒情,被称为"草原音乐活化石"。

4.新疆维吾尔木卡姆艺术(2007年入选)

新疆维吾尔木卡姆艺术是一种集歌、舞、乐于一体的大型综合古典音乐艺术形式。

5. 中国桑蚕丝织技艺(2009 年入选)

桑丝织是中国的伟大发明,是中华民族认同的文化标识。这一遗产包括栽桑、养蚕、缫丝、染色和丝织等整个过程的生产技艺,其间所用到的各种巧妙精到的工具和织机,以及由此生产出来的绚丽多彩的绫绢、纱罗、织锦和缂丝等丝绸产品,同时也包括这一过程中衍生出来的相关民俗活动。

6. 福建南音(2009 年入选)

南音,发源于福建泉州,富有独特的民族风格和浓郁的乡土气息,是中国现存最古老的乐种之一。

7. 南京云锦织造技艺(2009 年入选)

南京云锦是南京传统的提花丝织工艺品,用料考究,织工精细,图案色彩典雅富丽,宛如天上彩云般的瑰丽,故称"云锦"。

8. 安徽宣纸(2009 年入选)

安徽以青檀树为主,配以部分稻草,经过长期的浸泡、灰腌、蒸煮、洗净等十八道工序,一百多道操作过程,迄今已有一千多年的历史。

9. 贵州侗族大歌(2009 年入选)

侗族大歌起源于春秋战国时期,是在中国侗族地区一种多声部、无指挥、无伴奏、自然合声的民间合唱形式。

10. 广东粤剧(2009 年入选)

粤剧主要流行于使用粤方言的地区,兼收高腔、昆腔及

贵州侗族大歌

广东民间乐曲和时调，用“戏棚官话”为基本语言，间杂以粤方言，为“平喉”演唱。

11.《格萨(斯)尔》史诗(2009年入选)

格萨尔史诗主要流传于中国青藏高原的藏族、蒙古族、土族、裕固族、纳西族、普米族等民族中，以口耳相传的方式讲述了格萨尔王降临下界后降妖除魔、抑强扶弱、统一各部，最后回归天国的英雄业绩，堪称民族文化的“百科全书”。

12.浙江龙泉青瓷(2009年入选)

龙泉青瓷始烧于三国两晋，是中国乃至世界陶瓷史上烧制年代最长、窑址分布最广、产品质量要求最高、生产规模和外销范围最大的青瓷历史名窑。

13.青海热贡艺术(2009年入选)

始于15世纪甚至更为久远的热贡艺术是我国藏传佛教艺术的重要流派，主要包括唐卡、堆绣、雕塑、建筑彩画、图案、酥油花等多种艺术形式。

14. 藏戏(2009年入选)

藏戏是一个非常庞大的剧种系统,拥有众多的艺术品种和流派。藏戏唱腔高亢雄浑,基本上是因人定曲,每句唱腔都有人声帮和。

15. 新疆《玛纳斯》(2009年入选)

《玛纳斯》为全世界第二长的史诗,该史诗叙述了柯尔克孜族传说中的英雄和首领玛纳斯及其子孙共八代人领导族人反抗异族(卡尔梅克人)的掠夺与奴役,为争取自由而斗争的故事。

16. 蒙古族呼麦(2009年入选)

“呼麦”,又名“浩林·潮尔”,是蒙古族复音唱法高超的演唱形式,是一种“喉音”艺术。

17. 甘肃花儿(2009年入选)

花儿是流行于甘肃、青海、宁夏等广大地区的一种山歌,至少已有六百多年的历史。它内容丰富多彩,形式自由活泼,语言生动形象,曲调高昂优美,具有浓郁的生活气息和乡土特色。

18. 西安鼓乐(2009年入选)

西安鼓乐是流传在西安(古长安)及周边地区的汉族民间大型鼓乐,已有千百年的历史,有两种演奏形式:行乐和坐乐。

19. 朝鲜族农乐舞(2009年入选)

朝鲜族农乐舞是一种融音乐、舞蹈、演唱为一体综合性的民族民间艺术。

20. 书法(2009年入选)

中国书法是以笔、墨、纸等为主要工具材料，通过汉字书写，在完成信息交流实用功能的同时，以特有的造型符号和笔墨韵律，融入人们对自然、社会、生命的思考，从而表现出中国人特有的思维方式、人格精神与性情志趣的一种艺术实践。

21. 篆刻(2009年入选)

中国篆刻是以石材为主要材料，以刻刀为工具，以汉字为表象的并由中国古代的印章制作技艺发展而来的一门独特的镌刻艺术，至今已有3000多年的历史。

22. 剪纸(2009年入选)

剪纸是一种镂空艺术，也是最为流行的民间艺术，有着悠久的历史。常用于宗教仪式，装饰和造型艺术等方面。

23. 雕版印刷(2009年入选)

雕版印刷是最早在中国出现的印刷形式，在印刷史上有“活化石”之称。

剪纸艺术

24. 传统木结构营造技艺(2009年入选)

中国传统建筑是以木结构框架为主的建筑体系,以土、木、砖、瓦、石为主要建筑材料,各工序都有独特与系统的方法和技艺。

25. 端午节(2009年入选)

端午节,具有内容丰富、生动活泼、情趣盎然的端午节习俗活动,是蕴涵独特民族精神和丰富文化内涵的中国传统节日。

26. 妈祖信俗(2009年入选)

作为中国最具影响力的航海保护神,妈祖是该信俗的核心,包括口头传统、宗教仪式以及民间习俗,遍布中国的沿海地区。

27. 京剧(2010年入选)

京剧又称平剧、京戏,是中国影响最大的戏曲剧种,分布地以北京为中心,遍及全国,影响甚广,有“国剧”之称。

28. 中医针灸(2010年入选)

针灸由“针”和“灸”构成,是中医学的重要组成部分之一,是基于汉民族文化和科学传统产生的宝贵遗产。

29. 皮影戏(2011年入选)

皮影戏,又称“影子戏”或“灯影戏”,是一种以兽皮或纸板做成的人物剪影以表演故事的民间戏剧。

30. 珠算(2013年入选)

珠算是以算盘为工具进行数字计算的一种方法。算盘是中国古代劳动人民发明创造的一种简便的计算工具。

皮影戏

急需保护的非物质文化遗产名录(7项):

1. 羌年(2009年入选)

羌族的传统节日就是羌历年,以庆祝丰收和感恩还愿为主要内容,具有浓郁的宗教色彩,在每年的农历十月初一举行,持续三至五天。

2. 黎族传统纺染织绣技艺(2009年入选)

黎族传统纺染织绣技艺是一项传统手工技艺,包括纺、染、织、绣四大工序。

3. 中国木拱桥传统营造技艺(2009年入选)

木拱桥发现于中国东南沿海的福建省和浙江省。

4. 新疆维吾尔族麦西热甫(2010年入选)

麦西热甫广泛流传于中国新疆各维吾尔社区,表现形态丰富而多样,是维吾尔传统节庆、民俗活动的重要部分。

5. 中国水密隔舱福船制造技艺(2010年入选)

中国水密隔舱福船制造技艺是福建沿海木船制造的一项重要的传统手工技艺,采用榫接、艌缝等核心技艺,使船体

活字印刷术

结构牢固，舱与舱之间互相独立，形成密封不透水的结构形式，是人类造船史上的一项伟大发明。

6. 中国活字印刷术(2010年入选)

中国人毕昇于公元1041-1048年间发明了活字印刷术，对推动世界文明进程产生了巨大的影响。

7. 赫哲族伊玛堪说唱(2011年入选)

伊玛堪说唱是赫哲族独有的一种无伴奏，用叶韵和散文体形式进行的徒口讲述，是一种古老的民间说唱文学艺术，被誉为“北部亚洲原始语言艺术的活化石”。

非物质文化遗产优秀实践名册(1项)：

福建木偶戏传承人培养计划(2012年入选)

福建木偶戏包含了泉州提线木偶戏、晋江布袋木偶戏和漳州布袋木偶戏，是我国木偶表演艺术的杰出代表。